恋家小书

158 Ideas for Home Color Matching

家居配色的 158 个创意

理想家居设计编委会　编著

色彩作为家居配色的重要元素，可以丰富家居环境，改善居住空间的氛围，影响居住者的心情。本书从色彩搭配的角度为美化家居生活环境提供了很多有价值的参考意见。其中在色彩的种类、特点和搭配方式等方面给大家罗列了158种配色创意方法，如果你觉得自己的家过于沉闷，或者想要换个心情，不妨试试书中提到的创意诀窍，让家开始72变！

图书在版编目(CIP)数据

家居配色的158个创意 / 理想家居设计编委会编著. --北京 ：机械工业出版社，2018.1（2018.11重印）

（恋家小书）

ISBN 978-7-111-58228-1

Ⅰ. ①家… Ⅱ. ①理… Ⅲ. ①住宅－室内装饰设计－配色 Ⅳ. ①TU241

中国版本图书馆CIP数据核字(2017)第245591号

机械工业出版社（北京市百万庄大街22号 邮政编码100037）
策划编辑：时 颂 责任编辑：时 颂
责任校对：白秀君 封面设计：马精明
责任印制：常天培

印刷：北京华联印刷有限公司印刷
2018年11月第1版 第2次印刷
148 mm×210 mm・8印张・205千字
标准书号：ISBN 978-7-111-58228-1
定价：49.00元

凡购本书，如有缺页、倒页、脱页，由本社发行部调换

电话服务
服务咨询热线：010-88361066
读者购书热线：010-68326294
010-88379203

网络服务
机工官网：www.cmpbook.com
机工官博：weibo.com/cmp1952
金 书 网：www.golden-book.com
教育服务网：www.cmpedu.com

冷色区
暖色区

前　言

家不仅是我们栖身的住所，更是我们心灵最温暖的港湾。随着人们生活水平的不断提高，人们对于家居设计的要求也越来越高，更加期望能够将家打造成优雅又不失风趣，温馨又不失舒适的居所。不同的家居软装可以体现不同的装饰风格，而家居配色则成为体现不同家居个性的表情。好的色彩搭配不仅能表达自我、展现个性、表现不同的生活情调，而且还能提升生活质量、美化环境、愉悦心情。

如何使自己的家居配色与风格相搭配呢？如果能将色彩运用得当，便可随心所欲地装扮自己的家。但这些都离不开基础配色知识，要先了解色彩，再利用色彩的不同属性、不同搭配效果来体现层次感。对不同风格和不同功能的房间进行合理的色彩运用，能够使整个家看起来非常和谐、有格调。

本书从基础配色原理入手，精选家居配色的158个创意，通过色调的不同运用、空间色彩的不同打造、居住人群的不同划分，定制个性不同的配色创意，从设计背景到场景布置，再到最后的家居配色，全面详尽地解读色彩印象的营造。不仅详细总结了空间配色中常见印象的规律，而且通过解构式色彩实例，对居室配色的各种技巧和方法进行了完整讲述。家居配色其实没有你想象中那么难，就算你不是设计师也能从本书中获取灵感，也能轻易地搭配出你心中所想要的风格。

快从本书缤纷绚烂的色彩世界中去寻找一组让你心动的配色吧！

FEELINGS
ARE MUCH LIKE
WAVES, WE CAN'T
STOP THEM FROM
COMING BUT
WE CAN CHOOSE
WHICH ONE TO
SURF.

目 录

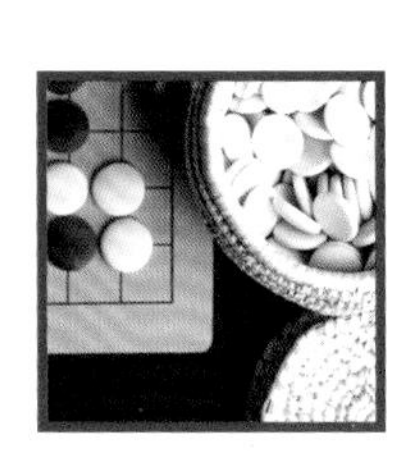

第一章

一分钟探究色彩的奥秘

· 色彩的基本概念

· 色彩的特点

1min Exploring the Mysteries of Color

色彩的奥秘
在于不一样的色彩带来不同的感受

红色让人感觉热闹、奔放；

黄色让人感觉明亮、朝气；

蓝色给人感觉宁静、安详；

紫色让人感觉神秘、浪漫；

黑色让人感觉深邃、高贵；

白色让人感觉纯洁、典雅。

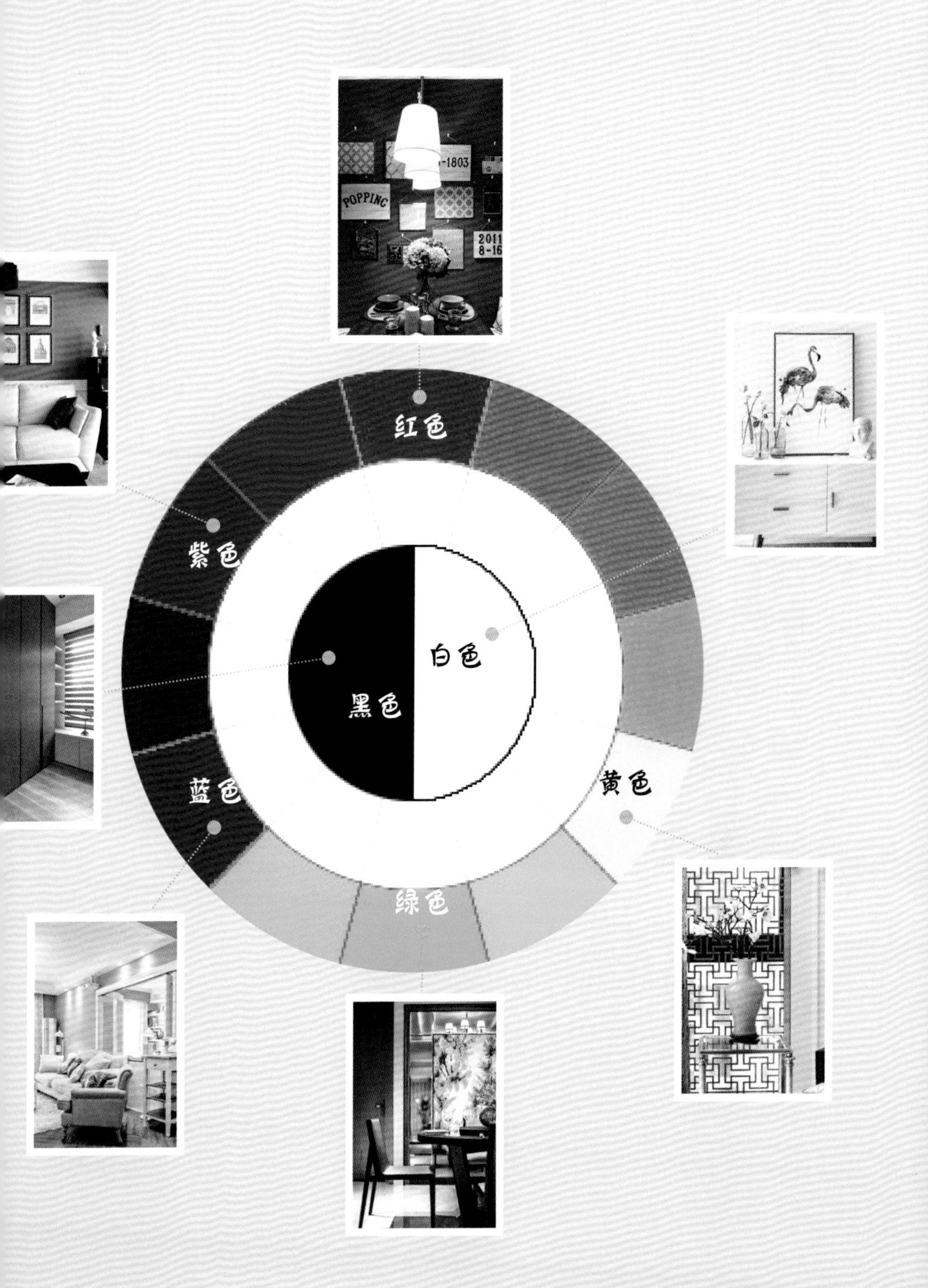
红色
紫色
白色
黑色
蓝色
黄色
绿色
POPPING
2011
8-16

第一节　色彩的基本概念

世界的美好在于它充满了色彩，丰富鲜艳的色彩不仅能美化生活，同时能让人的身心得到满足。不一样的色彩给环境和人的心理带来的感受是截然不同的。不同的色彩可以营造不同的意境。

(一) 原色、间色、复色和色环

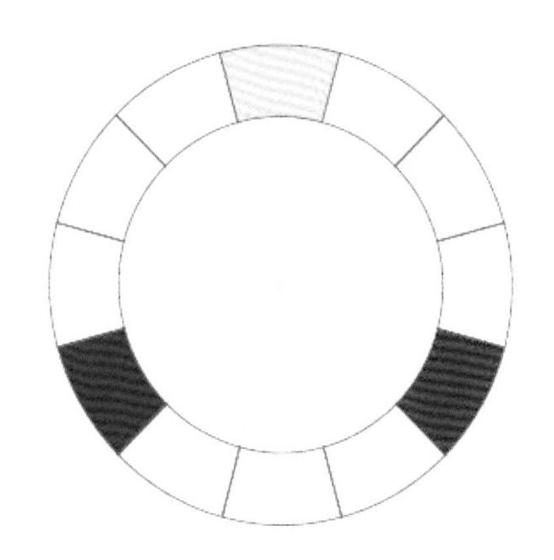

三原色的图示

【原色】光中或者颜料中的色彩不能再分解的基本色，就是我们通常意义上的原色。原色是不能通过其他色混合而成的颜色，但是原色与原色混合在一起却可以创造出多种其他色彩。原色主要指红色、黄色和蓝色。这三种颜色也被称为三原色。

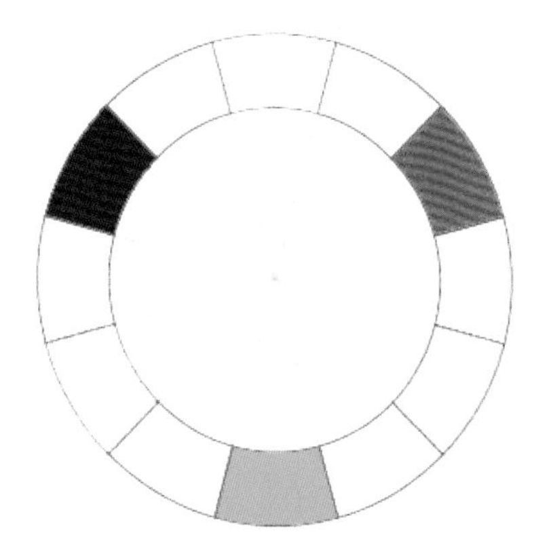

三间色的图示

【间色】由任意两个原色混合后产生的新的颜色就称为间色。三原色混合可以产生三间色：橙色（红色 + 黄色）、绿色（黄色 + 蓝色）、紫色（红色 + 蓝色）。

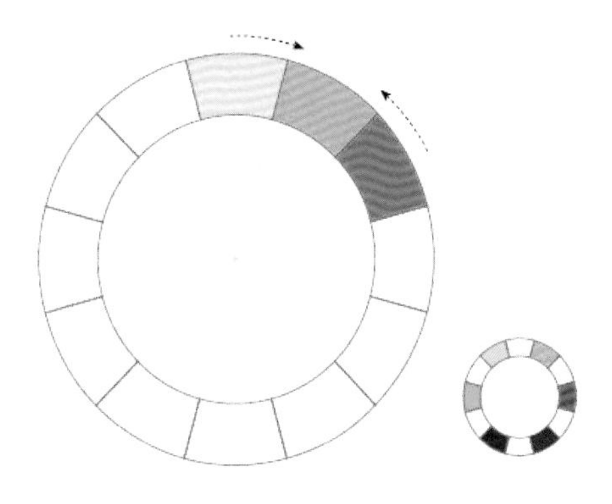

六复色的图示 1

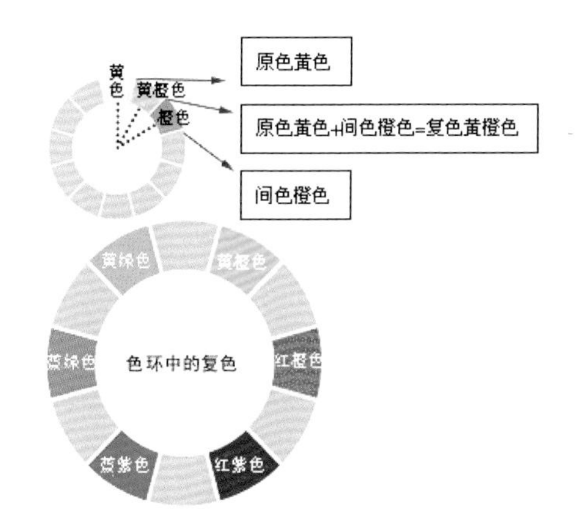

六复色的图示 2

【复色】由一种原色和一种间色混合而成的颜色被称为复色。间色和原色混合而成可以产生六种复色，分别是：黄橙色（黄色＋橙色）、红橙色（红色＋橙色）、红紫色（红色＋紫色）、蓝紫色（蓝色＋紫色）、蓝绿色（蓝色＋绿色）。

【色环】由原色、间色、复色三种类型的颜色组成的一个有规律的 12 种色彩的环状图就称为色环。色环上色相的排列是有固定位置的，红色、紫红色、紫色、蓝紫色、蓝色、蓝绿色、绿色、黄绿色、黄色、黄橙色、橙色、红橙色按照顺时针方向排列在圆环内。

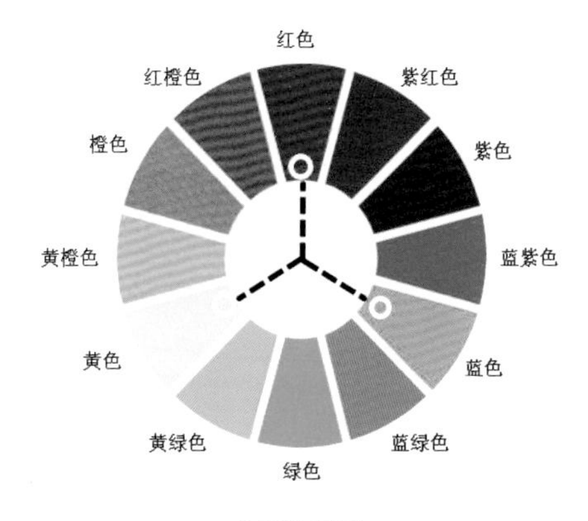

色环的图示

（二）单色、近似色和互补色

十二色环的出现随之也产生了单色、近似色和互补色的概念，并且建立了配色系统，常见的色彩搭配如单色搭配、近似色搭配、互补色搭配、对立色搭配等。

【单色】单一种颜色。

【近似色】色环上任意相邻的三个颜色被称为近似色。近似色搭配在一起往往有一种和谐、舒适的感觉。近似色搭配可以在同一色系中营造出丰富的层次和质感，是不容易出错又比较能出效果的搭配方法。

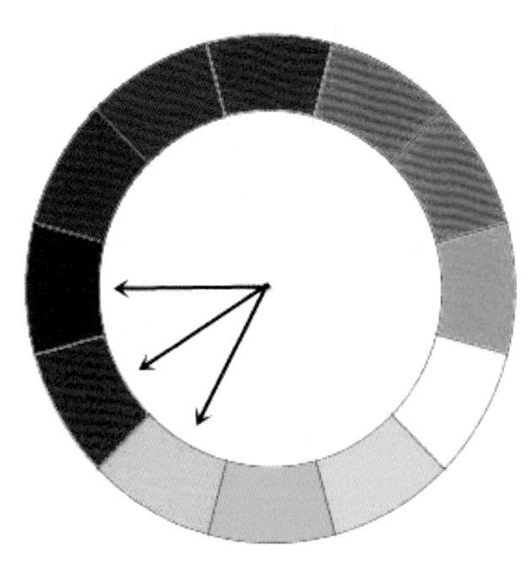

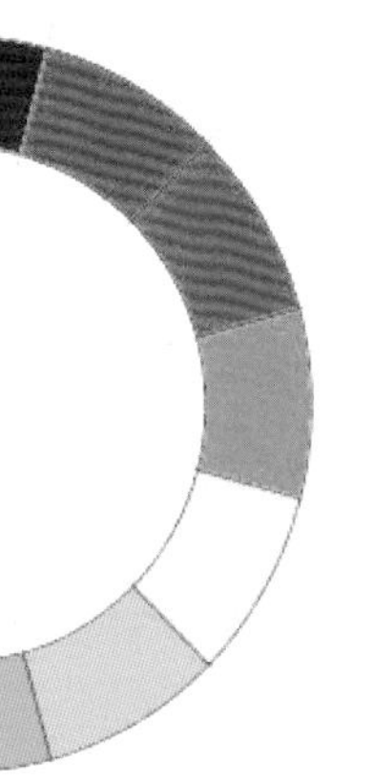

近似色的图示 1

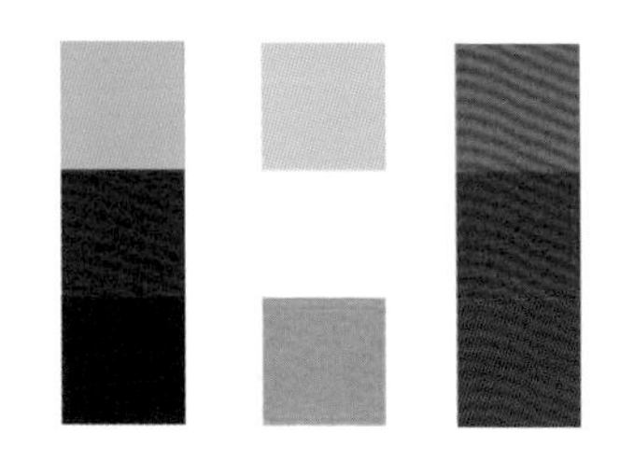

近似色的图示 2

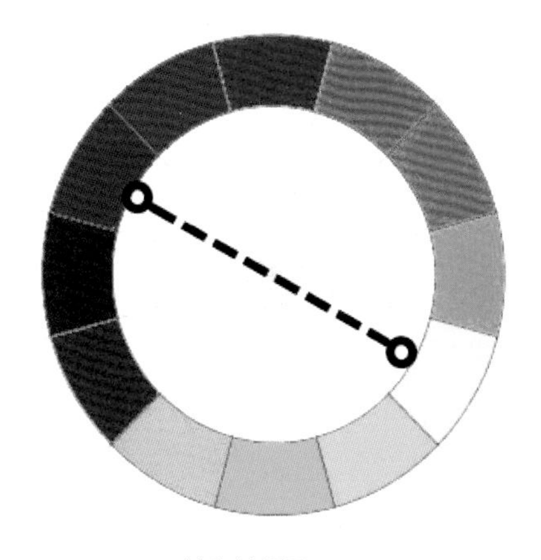

互补色的图示 1

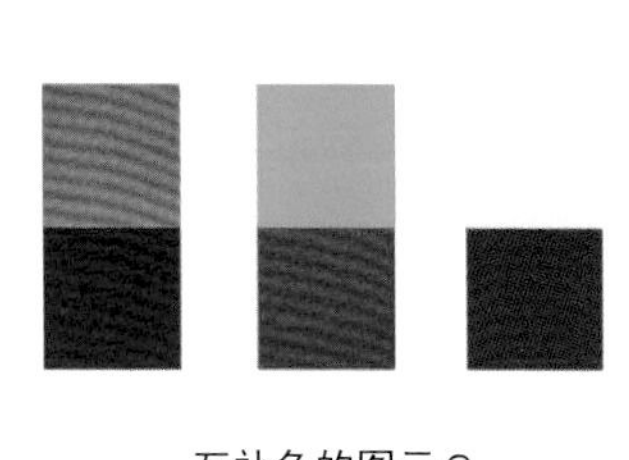

互补色的图示 2

【互补色】色环上相对的两种颜色被称为互补色。互补色的色彩差异比较明显，能够突出对比的特色，常见的互补色有蓝色与橙色、红色与绿色、黄色与紫色。互补色搭配可以碰撞出精彩的火花，在家居设计色彩搭配上可以营造出大胆、跳跃的效果。

（三）色相、明度和纯度

色彩对于每个人来说都充满不同的意义。不同的人有不同的色彩喜好。大多数人对于色彩的认识还停留在表层，认识蓝色，深一点的就是深蓝，浅一点的就是浅蓝，其实这就涉及了色彩理论的三大基本要素，即色相、明度和纯度。

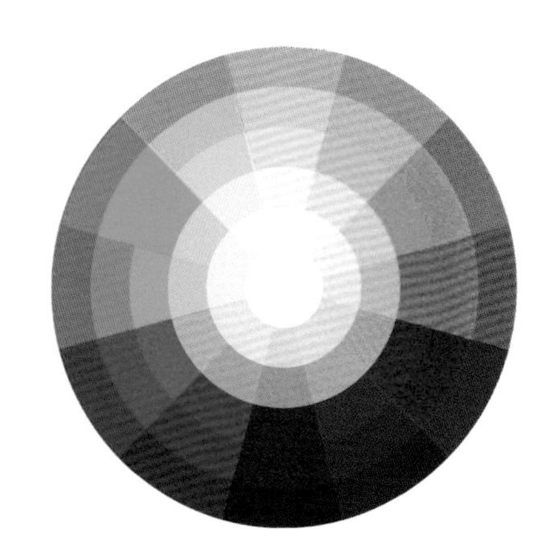

色相的图示

【色相】色彩的相貌就是色相，它是色彩最明显的特征，一般用色环表示。通常可见的色环有十二色、二十色、二十四色等。

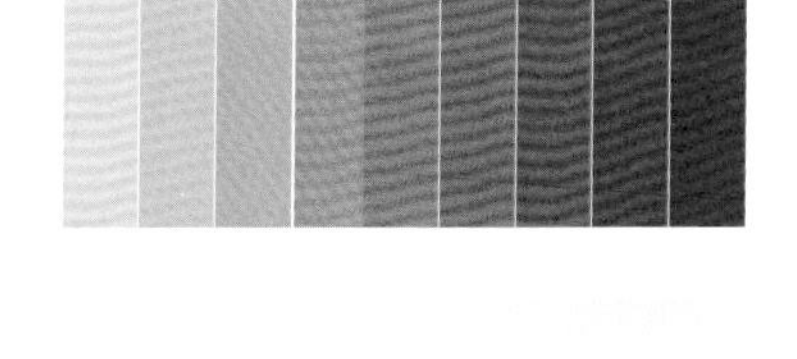

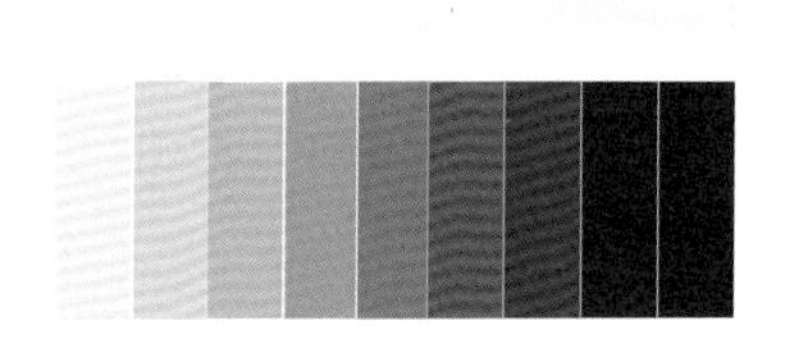

红色、黄色、蓝色明度轴

【明度】颜色的明亮程度就是色彩的明度，一般可以用明度轴来显示，每一种色相都有不同的明度。

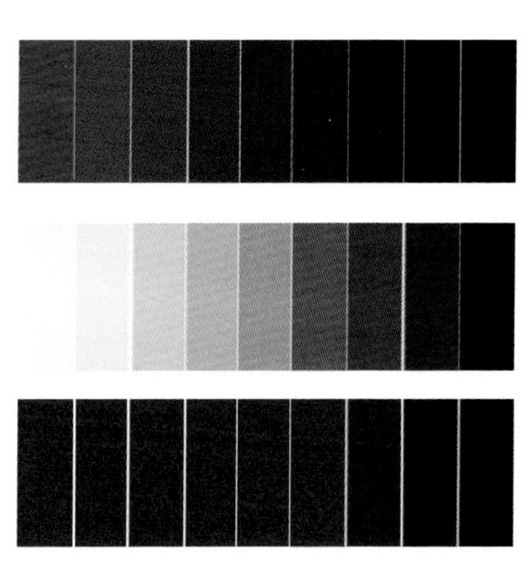

红色、黄色、蓝色纯度阶段

【纯度】颜色的纯净程度就是色彩的纯度，一般可以用纯度阶段来显示，每一种色相都有不同的纯度。

第二节　色彩的特点

(一) 色彩的冷暖

色彩的作用有情绪表达，风格体现和冷暖感受。不同的色彩带给人的体验是完全不一样的。通常意义上的色彩的冷暖，是指色彩给我们带来的心理感受。色彩中，冷色调色彩有青色、蓝色，暖色调色彩有红色、黄色、橙色，中性色调色彩有黑色、白色、灰色、紫色、绿色。

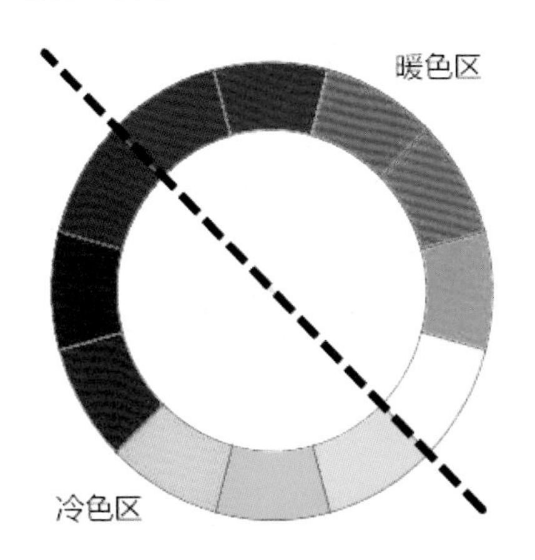

冷暖分区色相环

【暖色调色彩的表现效果】大自然中太阳、火焰等都是红与黄的结合，它们给人的感觉是炙热、绚烂和热烈，暖色调的色彩给人的感觉也正是如此。暖色调色彩在家居设计中往往能够让人感到温暖、温馨，是营造家的感觉的不二选择，但是在使用时要注重色彩的比例和使用面积，过于大片的暖色调搭配会让人觉得燥热和不安，合适的尺度才是家居配色设计成功与否的重要标准。

SOMEDAY
TODO
GREAT WORK
IS TO LOVE
WHAT
YOU DO

【冷色调色彩的表现效果】我们抬头看看天，天是湛蓝的，我们低头看看大海、湖泊，水面是澄净碧绿的，冷色调色彩往往给人带来安静、清凉和舒适的感觉。在家居配色设计中巧妙地运用冷色调色彩可以营造安静的居家氛围，让人觉得放松和自在。

(二) 色彩的效果

正因为色彩具有冷与暖的特点，不同的色彩则具有不同的表现效果。

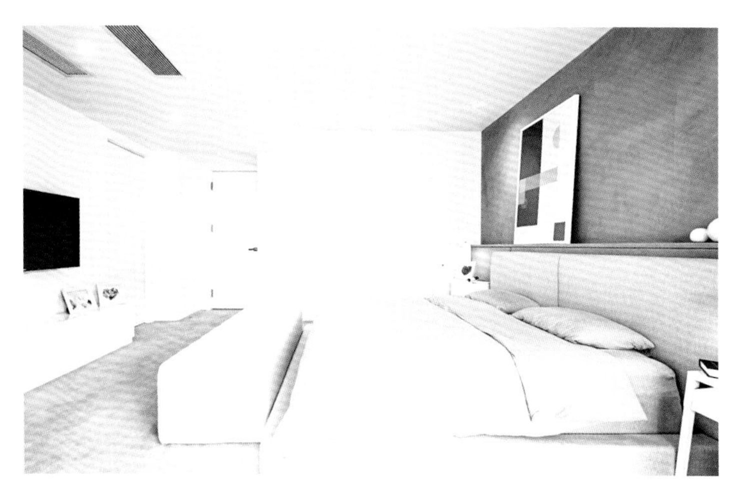

【色彩的前进与后退】有些色彩在视觉上会给人感觉比实际位置更靠前或者更滞后。一般而言，暖色调色彩、高明度色彩、高纯度色彩以及有彩色色彩都属于前进色，给人感觉比实际位置更靠前；冷色调色彩、低明度色彩、低纯度色彩以及无彩色色彩都属于后退色，给人感觉比实际位置更遥远。

前 进	
后 退	
膨 胀	
收 缩	
轻 盈	
沉 重	
柔 软	
坚 硬	

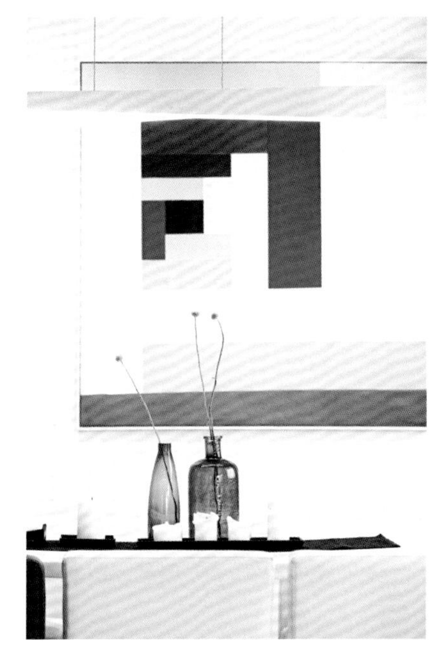

【色彩的膨胀与收缩】膨胀色使物体看起来比实际所占体积更大，具有膨胀效果；收缩色彩则刚好相反。一般来说，暖色调和高明度色彩都属于膨胀色；冷色调和低明度色彩都属于收缩色。

【色彩的轻盈与沉重】不同色彩的重量感也是不一样的。有些色彩让人觉得轻盈、活泼；有些色彩则让人觉得稳重、深沉。明度高的亮色容易营造柔和的感受，重量上也感觉轻盈；明度低的暗色则给人感觉低沉，重量上也感觉厚重。

【色彩的柔软与坚硬】色彩的纯度是影响色彩视觉效果的重要原因。高纯度色彩、低明度色彩、冷色调色彩一般有坚硬、硬朗的效果；低纯度色彩、高明度色彩、暖色调色彩则具有柔软的特质。

第二章

家居色彩运用的 70 个创意

· 色调的运用创意

· 打造空间色彩印象的创意

· 量身定制的配色创意

70 ideas for home color use

家居色彩的创意
在于运用色彩可以让家居环境更加舒适与自然

巧妙运用黑白灰中性色彩，给家居环境营造自由呼吸的空间。

适度增加空间色彩亮点，可以点亮整个空间。

冷色调环境里也可以有马卡龙浪漫情怀，

暖色调色彩则容易给人温暖和家的感觉。

面积小的房间慎用暖色调色彩。

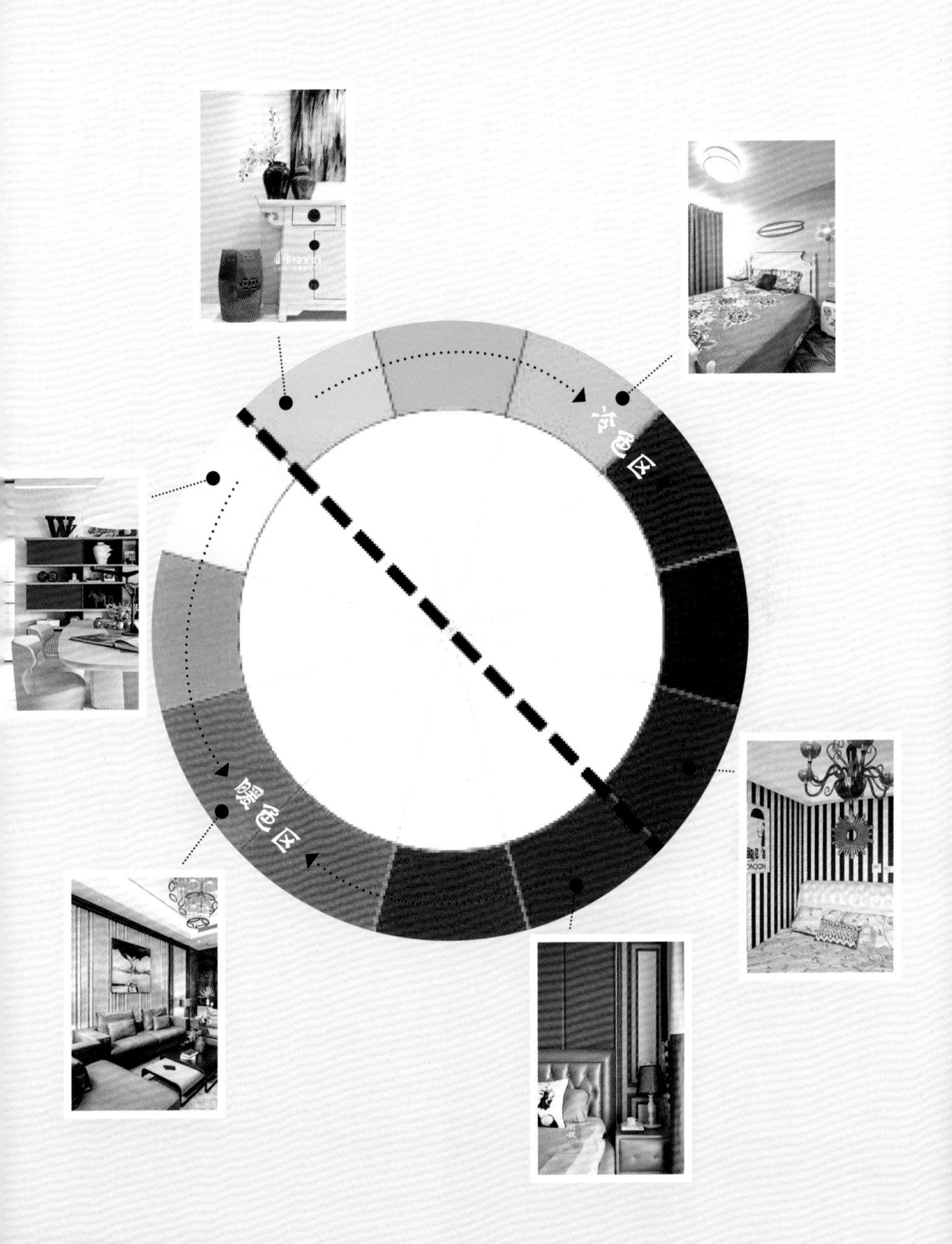
冷色区
暖色区

第一节　色调的运用创意

（一）冷色调

在上一章的内容里大致介绍了冷色调色彩的特点，家居配色中巧妙运用冷色调色彩可以让家居环境更加舒适和自然。冷色调风格的营造，如果掌握以下几个创意，就能做到既温馨舒适又不过分缤纷亮眼。

创意 001

巧妙运用黑白灰中性色彩，给家居环境营造自由呼吸的空间

黑白灰属于无彩色色彩，是暖色调风格和冷色调风格营造的调节色，它们可以将空间装点得更加收放自如。最近几年来，冷淡系风格的住宅设计颇受都市白领的喜爱，气质灰、典雅黑也成为营造空间的点睛之笔，大面积使用不同纯度和明度的灰色，可以改变空间的层次和质感，尤其能为冷色调空间的色彩搭配增色不少。

创意 002

适度增加空间色彩亮点，点亮整个空间

冷色调空间常常会表现得过于沉静、清冷，缺乏活力，我们要一方面保留冷色调家居配色的稳重特点，另一方面可以通过选用部分带有聚焦功能的亮色装饰物来点缀整体空间。

创意 003

冷色调环境里的马卡龙浪漫情怀

马卡龙色温柔、细腻，让人能感受到甜蜜的气息。冷色调家居配色中巧妙运用马卡龙色彩，可以让高冷的家居环境变得更加有温度。

（二）暖色调

暖色调色彩容易给人温暖和家的感觉。当人们形容自己理想的家时，很多人的脑海中都会浮现出昏黄、温暖的灯光下，摆满美味佳肴的餐桌旁围坐着其乐融融的一家人。黄色、橙色，像太阳又像烛光的色彩，让人们有了归家的念头。家居配色中巧妙地运用暖色调色彩，可以丰富家庭环境，但同时也要考虑到自己家庭的实际需要，不可盲目追求色彩搭配的完美，而忽视了生活在其中的人的感受。

[空间不大的客厅，采用颜色稍重的暖色调色彩会让空间显得更狭小。]

创意 004

面积小的房间慎用暖色调色彩

面积小的房间不太适合大面积地使用暖色调色彩。我们上一章已经介绍过了，暖色调色彩在表现和感受上会体现出一种膨胀感，本身面积就不算太大的房间，如果过多地使用暖色调色彩，会让人觉得拥挤、拘束。像小户型房间的地板、窗帘以及墙纸都不太适合大面积使用暖色调色彩。小户型的厨房在使用暖色调地板、立柜或者墙纸时，可以采用开放式格局来减少空间的拘谨感。

创意 005

餐厅配色选用
暖色调色彩
有意想不到的效果

食物温暖了我们的胃，餐厅则温暖了我们的家。拥有一个温馨、舒适的餐厅环境会为整体家居氛围加分。暖色调色彩往往给人带来食欲满满的感觉，给餐厅配色时适当选用一些温暖的色彩，会让家的氛围更加浓烈。

（三）黑白灰

[大面积的白色储藏柜将白色与黑色的搭配运用到极致，即使是大白墙、大白柜也能展现独特魅力。]

创意 006

利用黑白灰打造家居生活高级感

黑白灰作为中性色彩，不管是调和冷色调色彩搭配，还是暖色调色彩搭配，甚至是独自运用，都有一种独特的美。作为调和折中的代表色彩，只要比例使用和尺度掌握恰当，它们三种搭配在一起，总能给人一种高级感。伴随着这种高级感的，就是我们常常形容的高冷、冷淡、酷。在节奏快、生活压力大的都市中，黑白灰的冷淡家居色彩搭配得到了很多都市男女的喜爱。

[一如既往的黑色、白色、灰色搭配，比较适合深邃、内敛的成熟男士。]

[黑色地砖、白色墙面将客厅空间延伸到了落地窗边，视野得到了舒展。]

[餐厅两面墙壁分别选用了深褐色和白色的材料来搭配深邃的木纹餐桌，让空间显得整齐且干净。为避免太过素净，用造型简单、光线柔和的吊灯缓和了原先冰冷的氛围，一切都是这么恰到好处。]

创意 007

线条的巧妙运用
可以为黑白灰搭配加分

以黑白灰为主色调的家居设计，大部分都是现代简约风格的，同样，也只有黑白灰这样简单的色彩才能将极简风格展现到极致。在黑白灰家居设计中，加上简单的线条进行装饰，利用光与影的配合，通常会有意想不到的效果。

[直线在黑白灰家居配色中的运用，延伸了空间视觉效果。]

[装饰物的弧线形态可以柔化整体空间调性。]

[家具本身的线条也可以用来丰富空间的层次。]

冷色调实景案例展示

Blue Seine River

蓝色塞纳河

本案例的业主希望要一个奢华的家，家具已提前选定，喜欢法式调子，所以在风格上并没有过多的纠结。但是在法式风格处理上并未进行界面和装饰上的过度解析，而是简化了典型纹饰图案在内饰中的地位，通过色彩来平衡过于抢眼的家具。

设计师：孟繁峰
深化设计师：李育
软装设计师：武晓玲
项目面积：435m²
设计风格：法式风格
项目地点：江苏省南京市

材料与色彩分析：

在本案例中，地面铺装使用了现代的拼贴方式，杏色和卡其色的温暖弱化了墙面蓝色的冰凉，蚕丝壁纸的光泽与略带灰度的蓝色在一定程度上抑制了家具本身的夺目，让家具能安静地存在于这个空间当中。家具主体为深板栗色，自身的线条和雕刻以做旧银来装饰，因此顶部石膏线的设计也使用了银箔勾描与之相互呼应，也增加了空间的层次和色彩。

[原主人睡眠区的八角空间被大胆地改造为休闲区和主卫生间的干区，这样主卧就拥有了睡眠区、写作区、休闲区、卫浴区以及衣物收纳区。]

[因为这个四层建筑没有电梯空间，因此顶层的露台基本成了被人忽略或极少使用的空间，所以将其整合成一个宽敞的卫浴空间，这样，顶层就成为女儿的独立空间。]

暖色调实景案例展示

Rosan David City

融信大卫城

添一抹艳色，享一室悠然

好的设计是有温度的，能让忙碌一天的人回到家后，卸下身上沉重的包袱，通体舒畅。

设计公司：品川室内设计
设计师：蔡奇君
项目面积：450m²
设计风格：港式风格
项目地点：福州

客厅采用了大量的石材与木材镶嵌的方式，天然的纹理为空间增添了安静、大气的味道。金黄色的台灯、装饰画，红、黄的花艺作品，寄托着不同的心境，也提升了空间的温度。

[餐厅是家人相聚的地方，设计师采用了米灰色和红棕木色为主色调，让空间柔和起来，细雨无声地影响着每一位用餐者的心情。]

[卧室以浅咖色为主，床头的装饰画既有美好的寓意，又与金黄色的台灯相互呼应，流动的光线与花艺作品让空间增添了几分柔和雅致。柔软舒适的大床，简洁宽敞的空间，舒适感五颗星。]

[好的设计是有温度的，正如泡在 38℃ 恒温的水里，每一个毛孔打开的感觉。好的设计，好的家，就是这样一个能让人卸下身上沉重包袱、通体舒畅的地方。]

[设计师在茶室设置了整面的柜子，如设计师所说，这是时间与空间的留白。当居住者慢慢把这个空间填满的时候，这些带着他们自己的品位和喜好的物件，就会通过一条隐藏的线串起来，让这个家变成一个代表自己的家。]

第二节　打造空间色彩印象的创意

(一)单色

单色系家居空间设计的案例比较少见，因为使用单一的色彩装饰家里会让整个空间显得格外单调和沉闷，这里介绍的单色系家居配色是指，有彩色色彩再搭配无彩色色彩（黑、白、灰）的效果呈现。我们主要介绍蓝色系、橙色系和粉色系三个类型，而且这三个类型中，并不是整个空间全部都是这一种色彩搭配的。

1. 蓝色系

蓝色是冷色调色彩的代表，天空和大海都是蓝色的，它们博大、深邃并带着一丝丝的神秘感。夏天看见蓝色，会让人觉得燥热的空气瞬间被冷却了，它是躁动情绪的制冷剂，能够让人陷入沉思和冷静。同时，蓝色也是代表忧郁的色彩，它影响人们的心情波动起伏，也会降低食欲。蓝色系家居配色需要控制色彩使用的比例。

创意 008

不同明度、纯度的蓝色重叠搭配效果非同凡响

巧妙运用不同明度、纯度的蓝色，可以将空间的层次感展现出来。

创意 009

小而有重点地打造蓝色海洋

很多人对色彩搭配有一种误解，觉得色彩搭配就是指只使用这一种或者某几种色彩，而且要大面积使用才能打造出专属某个色彩的特色出来。

其实这种观点不尽然正确，在以中性色彩作为基调的空间里，我们可以只用几处亮点就能展现出我们想要的某种色彩的属性。一幅窗帘、一个立柜、一条沙发毯、一个色彩突出的闹钟或一幅有重点的装饰画，都能成功地刻画某个空间的特点。

将家居空间打造出蓝色海洋的感觉，是不是非要一整面墙、一整套柜全部使用蓝色来突显？答案显然是否定的，适当地进行重点装饰，海洋气息便可扑面而来。

创意 010

降低蓝色明度，还你一个温柔的朵朵蓝天

创意 009 中我们介绍了，不要大面积使用蓝色去刷墙、贴墙纸，或者用蓝色油漆刷满全屋定制家具，否则你会掉进一个蓝色的大坑。为了避免这种情况，除了上面介绍的用重点装饰物局部点缀外，还有一个窍门，那就是降低蓝色的明度，让深蓝色变成温柔的、浅浅的马卡龙蓝。因为马卡龙蓝，温柔不夺目，即使是墙面使用，也不会显得过于突兀。

2. 橙色系

橙色是由三原色中的红色和黄色混合而成的颜色，它兼具了红色的大胆、热烈和黄色的活泼、亮丽，是暖色调色彩中比较容易运用的颜色。

创意 011

小中见大，众多小细节可以烘托出大环境

创意 011 的四张图片是一个完整的样板间配色方案，它的主色调是橙色。无论是客厅、书房还是主卧，墙面和地板都是干净的白色，但通过沙发、窗帘、装饰画、抱枕、地毯及局部家具上的橙色便可烘托出整个家的橙色系特征。

①②
③④

① 单品：橙色系灯光

② 单品：橙色系沙发

③ 单品：橙色系局部家具

④ 单品：橙色系装饰画

创意 012

用单品打造活力橙

创意 011 中我们介绍了，可以用积少成多的方法营造橙色的氛围。橙色本来就是活力四射的色彩，即使是在斑斓的调色盘里只取一点点融入你的家居环境中，也能带来大的改变。因此，我们可以巧妙地借用橙色系单品来激活家居活力。

3. 粉色系

粉色系色彩一般多运用在部分儿童房和女性房间的色彩搭配上。粉色是降低了明度后的红色，色彩柔和，容易营造公主风氛围。

创意 013

儿童房的粉色梦幻

儿童房，尤其是女孩房的设计在色彩搭配的时候比较常见的色彩有粉色、黄色、蓝色，其中女孩房运用粉色最多，家长都愿意为自己的宝贝营造一个梦境一样的房间，粉色恰巧能够达到这种效果，再配上小帐篷、蕾丝彩带和布帘等，色彩由浅入深，便为孩子们创造出一个梦幻的场景。

（二）近似色

色环上任意相邻的三个颜色被称为近似色。近似色搭配在一起往往有一种和谐、舒适的感觉，可以在同一色系中营造出丰富的层次和质感，是不容易出错又比较能出效果的搭配方法。常见的近似色有红色 - 红橙色 - 橙色、黄色 - 黄绿色 - 绿色、蓝色 - 蓝紫色 - 紫色等，近似色的和谐过渡，让空间色彩搭配显得不那么突兀，但又保持着变化。

1. 红色 - 红橙色 - 橙色

创意 014

利用红橙近似色，打造暖色调温暖家

红色 - 红橙色 - 橙色，颜色的递减，让暖色调家居空间更具有层次感。

创意 015

以橙色为主，红色辅以点缀

橙色是由红色和黄色混合而成的二次色，所以也综合了红色和黄色的特点，在红色 - 红橙色 - 橙色的近似色搭配时，以橙色为主，红色辅助，整体感觉会舒适、自然一些；反之，如果红色为主，橙色作为点缀，那么在整体环境下夺目的红色将掩盖橙色带来的差异性。

2. 黄色 - 黄绿色 - 绿色

创意 016

用草木绿打造森林系的家

黄色与绿色是自然的颜色。它们像自然一样生机勃勃，但又没有橙色系那么耀眼，也没有蓝色系那么忧郁。黄绿系列的色彩搭配总能营造一种森林的静谧感。

创意 017

将草木绿的清新与老人房合二为一

上了年纪的老人家的住所除了要考虑到起居生活的便利以外，色彩搭配也是十分重要的。除了常见的黑色、白色、灰色、棕色等色彩，由黄色过渡到绿色的黄绿色也是不错的选择。视觉效果上，不激进也不沉闷，黄绿色可以释放压力，安神静气，当然在使用比例和尺度上也要张弛有度。草木色的低调内敛，最容易潜伏在一些小细节中，给你来一场猝不及防的惊喜。

（三）互补色

色环上相对的两种颜色被称为互补色。互补色的色彩差异比较明显，能够突出对比的特色。常见的互补色有蓝色与橙色、红色与绿色、黄色与紫色。互补色搭配可以碰撞出精彩的火花，在家居设计色彩搭配上可以营造出大胆、跳跃的效果。

1. 蓝色 - 橙色

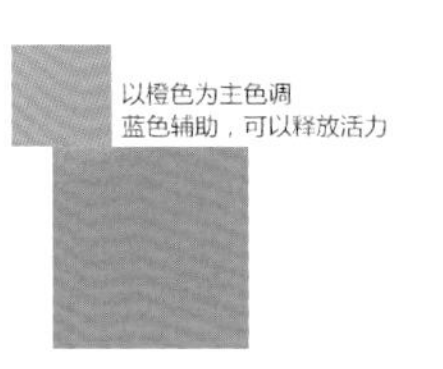

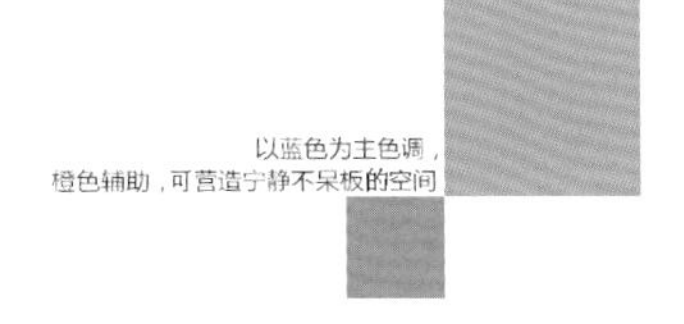

[大面积的橙色定制家具中，以一个蓝色抱枕作为调节点，既不喧宾夺主，又展现了色彩的丰富性。]

创意 018

分清主次，展现重点有突出

蓝色和橙色本就是互补色，色彩艳丽，任选一种都可以撑起一个主场的角色。在家居空间的配色中，需要注意的是，互补色不要等比例使用，否则容易造成审美疲劳，应该有主有次，有重点有衬托，相辅相成的搭配才是最恰当的。

[过多使用暖色调色彩会使空间变得乏味困闷。因此加入一抹蓝色，便可立即增添活力，使得空间变得有趣起来。]

[活泼、明亮的儿童房选择了蓝色作为主色调，窗帘的魅力橙色活跃了整个空间。]

[卧室的色彩搭配上选用了降低了明度的橙色和蓝色，既不太过扎眼，也使空间不乏活力。]

创意 019

卧室运用互补色，需要将色彩明度降低

卧室是放松我们身体的最柔软的归属，辛苦疲劳一天后没有什么能比美美地睡上一觉更让人觉得舒服的了。所以卧室内的色彩搭配也显得尤为重要，冷色调的代表色蓝色与它的互补色橙色各有特点，但两者都十分耀眼，如果需要运用在卧室的色彩搭配上，最好是能够使用降低明度后的互补色，这样温柔与活力就能兼得了。

2. 红色 - 绿色

[中式风格的家居设计，选用红色和绿色搭配，能够很好地营造出传统的风味。]

创意 020

把握好尺度，红配绿也能出彩

“红配绿，丑到哭”是我们都有听过的俗语，简单来说，就是红色配绿色，不管你怎么搭配，效果都是惨不忍睹的。其实，也不完全这样，如果红色和绿色搭配在一起真的难看，那圣诞节可能要被评为装饰最难看的节日了。只要掌握好了红色和绿色的搭配比例，协调的搭配效果也就容易实现了。

[绿色的边柜与墙上穿衣镜的红框相得益彰。]

[大胆的绿色墙面，通过不同肌理和材质丰富了餐厅空间，座椅则选择了鲜艳的红色进行点缀。]

3. 黄色 - 紫色

互补色里面黄色和紫色最有特点，这两种色彩可以说是既明亮又温柔。家居配色中黄色运用得比较频繁，紫色则比较少用，也不太容易运用，多一点就稍显深沉，浅一点又不像其他颜色一样透亮。

[如果对色彩的把控能力还没有那么高的话，建议还是不要大面积使用紫色。]

创意 021

黄紫配色不要轻易尝试，失败率太高

黄色与紫色的搭配，很容易使家居环境变得脏脏的、旧旧的，所以如果对色彩的把控能力有限，还是不要轻易尝试。

4. 黄色 - 蓝色

黄色和蓝色并不是我们所说的互补色，但是它们搭配在一起的效果甚至远超互补色。黄色和蓝色的搭配大胆、创新，近些年不仅在服饰色彩搭配上有优秀的表现，在家居配色方面也是大放异彩。

[白色够空灵，灰色够时髦，但看久了，都有些冷清，少了些欢乐。现代生活忙碌而紧张，只有一个色彩明丽温暖的家，才能带给人最放松的休闲享受。蓝色与黄色大胆地组合在家居空间中，让空间的层次得以拉伸。随光线而变化的色彩的明度、纯度，营造出的是无法替代的雅致。]

创意 022

黄色与蓝色碰撞，衍生出了无限的生命力

[黄蓝两色在素净的空间对撞，即刻给卧室增加了活力与动感，一些精致小物使空间充满热烈的生活情趣，大面积的白墙也冲淡了绚烂带来的浮躁气，装饰画的选择也显得时尚感十足，一切刚刚好。]

(四) 分散互补色

分散互补色即是选中主色之后，分布在主色对面的互补色两侧相邻的颜色。例如，在色环上，黄色的互补色是紫色，那它的分散互补色就是紫色左边和右边的两个颜色，即蓝紫色和紫红色。分散互补色搭配具有较强的视觉对比，可以营造出强烈碰撞的设计效果。

1. 红色 - 黄绿色 - 蓝绿色

创意 023

红色为主色调，主打活力和热情

以红色为主色，两种不同的绿色作为辅色打造出来的室内空间给人热闹、活泼的感觉，一般适合年轻的家庭。

创意 024

三种色彩均为点缀，对空间进行修饰

三种色彩点缀在室内空间配色中，效果虽没有红色为主色时那么热烈，但是由于其强烈的对比感，也是很容易引起强烈的视觉碰撞效果的。

2. 蓝色 - 黄橙色 - 红橙色

创意 025

蓝色与不同程度的橙色搭配，平分秋色

3. 黄色 - 紫红色 - 蓝紫色

创意 026

稳定的分散对比色，产生稳定的美

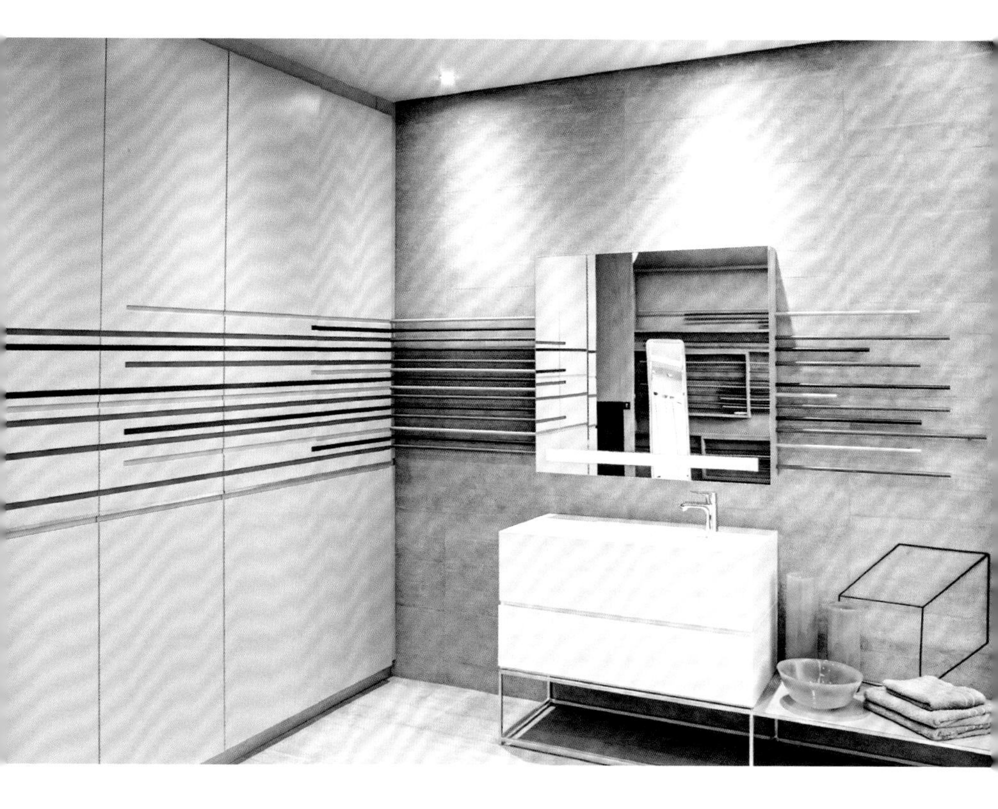

创意 027

黄色的灯光搭配不同层次的紫色，让空间变得优雅

蓝紫色和紫红色将简单的室内空间修饰得高雅和浪漫，配合着黄色的灯光，色彩在变化中升华，让空间层次更加丰富。

（五）三角对立色

三角对立色是一组颜色，是通过在色环上创建一个等边三角形来取出的一组颜色。三角对立色从名字就可以看出，其色彩对比强烈。用三角对立色进行家居色彩搭配需要非常谨慎和小心，不然很容易出现色彩混乱，空间杂乱的后果。

1. 红色 - 黄色 - 蓝色

创意 028

合理运用红黄蓝，打造时尚现代范

三角对立色红、黄、蓝，三种颜色在高明度、高纯度的条件下都是光芒四射的色彩，这三种色彩都不能选其中一种作为主色，不然容易造成色彩背景过于艳丽，其他颜色镇压不住的视觉效果。建议可以选择白色为大面积背景色，然后以红黄蓝三种色彩作为点缀，效果突出，且时尚前卫。

创意 029

儿童房运用红黄蓝，容易还原童真童趣

儿童空间的室内配色可以选择色彩鲜艳的红色、黄色、蓝色，强烈的色彩对比容易营造出活泼、欢乐和生机勃勃的场景。

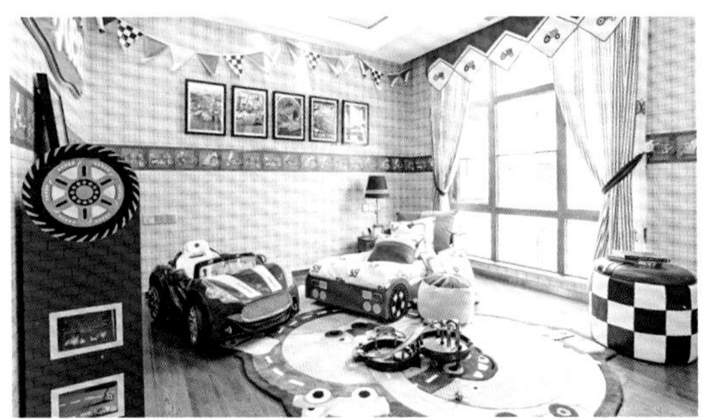

2. 橙色 - 绿色 - 紫色

创意 030

偏中性色彩的三角对立色，让环境更加沉静

橙色、绿色、紫色为三间色，分别是由三原色混合而成，绿色和紫色在色彩效果上偏中性，可塑性强，与暖色调的橙色搭配在一起更容易凸显暖色调色彩的特点，且能够克服暖色调色彩热闹、躁动的劣势，让空间显得不过于冰冷，也不过于聒噪，凸显环境的沉静感。

单色实景案例展示

Orange Room

心享室橙

软装配色灵感来源于房间的主色调：橙色。然而过多的暖色会使空间变得乏味困闷。因此加入一抹蓝，立即增添活力、使得空间变得有趣起来。木质家具的选择也为室内增添了自然温暖的气息。

设计公司：末那识设计工作室
设计师：靖葶
项目面积：160m^2
设计风格：混搭风格
项目地点：仁恒滨河湾

本案例是一个精装房的软装项目，因此在设计之初，房屋整体的设计风格已经确定下来了。然而规矩平庸的天花吊顶，过时的铺贴方式，颜色老旧的瓷砖，以及最让人头疼的主材的色彩：深橙色的木门与踢脚线，猪油红色的地板……这与业主喜爱清新舒适的家居风格的初衷并不匹配。因此如何使这个风格过时的样板房焕发出新的光彩，是本次的设计重点。

[儿童房中运用硅藻泥创造了一个儿童的世界。粉蓝色的天空、白白的云朵、尖尖的可以用来画画的小房子以及软木板小树，让孩子可以自由地想象和玩耍。]

[在卧室中，根据业主的喜好选择了清浅的颜色，主卧室的背景墙是大片嫩绿色，让人宛如置身于初春的花园。]

第三节　量身定制的配色创意

(一) 儿童居住空间配色创意

色彩在室内空间设计中有着非同凡响的作用，原本是平淡的空间，因为有了色彩的加入，产生了很多奇妙的可能。儿童房的色彩搭配也尤为重要，良好的色彩搭配可以影响儿童的心理和生理，同样，不一样的色彩搭配也会潜移默化地影响着儿童的审美特征和个性发展。

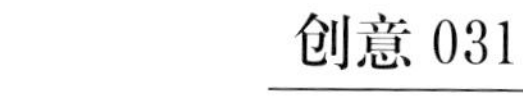

创意 031

利用绿色、蓝色打造心境开阔的男孩房

对于男孩而言，选用绿色、蓝色作为房间的主色调，可以让他们联想到森林、草原、天空和海洋等视野开阔的场景，并且有助于培养男生活泼、独立、坚毅的性格。

创意 032

带有游玩功能的儿童房间，可以适度使用对比色

儿童房一般而言除了是孩子们休息的空间，有时候还要承担起书房和游乐房的功能，所以一定要保证儿童房内光线充足，且可以适当地使用一些色彩效果对比强烈的色彩进行搭配，突出孩子们活泼、朝气勃勃的天性。

创意 033

利用黄色、粉色打造温柔浪漫的女孩房

大部分的女孩比较安静，喜欢暖色调色彩，所以一般女孩房都会设计成公主主题或者城堡主题的乐园，主要色调包括粉色、米黄色、低明度的蓝色等。

[降低明度后的蓝色显得温柔而浪漫，搭配上蕾丝等材料用在女孩房宛如公主的城堡一样。]

创意 034

尊重孩子的色彩喜好

随着孩子的成长，孩子们对于色彩的认知和理解也有了自己的观点，房间作为每天陪伴自己大部分时间的空间，不管是在色彩搭配还是装饰风格上，都会有自己的想法，家长可以根据孩子各自的喜好来选择色彩搭配。大致掌握几个要点就不会有太大的问题。

★ 要点一

如果使用对比色，对比色的使用比例要有主有次。

★ 要点二

保证儿童房光线充足是配色的前提。

★ 要点三

色彩可与大自然的元素相结合。

（二）女性居住空间配色创意

人们常说女人如水，是感性至上的物种。女性感情细腻，善于捕捉细节，容易动情和感动。那么室内色彩设计方面，需要搭配出一套让女性觉得舒适、流连忘返的方案，就必须抓住一般女性的特点：多愁善感、温柔、甜美等，像描绘一位婀娜多姿的美人一样去搭配一个空间，出来的感觉就八九不离十了。

创意 035

低纯度色彩打造可爱女人风

低纯度的色彩没有那么强势和夺目，配上一些女孩子喜欢的蕾丝、动物配饰或者碎花元素的饰物，能够营造出一种小清新的可爱风。

创意 036

单色混合黑白灰打造干练女人风

用单一的色彩局部去点缀黑白灰的空间背景。草绿色，让人想起青青草地；粉红色，让人想起浪漫爱情；浅蓝色，让人回忆起如烟的往事；红色，让人想起面对困难的坚决和斗志。

创意 037

巧妙使用玫瑰红和浪漫紫打造优雅女人风

玫瑰红和浪漫紫估计是最能够代表女性的两种色彩了，它们和女人一样妩媚、妖娆并且琢磨不透。但是又因为这两种颜色大胆、夺目，所以在色彩搭配时需要一些平和的色彩去中和。

创意 038

缤纷色彩搭配丝绒材质，打造妩媚女人风

宽大的沙发和摆设的运用体现了美式风格的大气与简洁，高光丝绒质感的软装制造了一种低调的华丽与高贵。客厅采用彩色图案的威尼斯灰泥墙面配以红色、蓝色的沙发罩，富有变化又不失统一，打造出妩媚女人风。

（三）男性居住空间配色创意

男性给人的感觉往往是稳重，冷峻，具有理智的，所以在为男性空间进行配色设计时，需要着重突出男性的特点。厚重的色彩能够展现出男性的力量感，黑白灰色调和冷色调的室内风格比较适合内敛、稳重的男性空间。

创意 039

黑色为主亮色辅助，塑造男性理智风格

以黑色为主体色调的室内色彩搭配可以给人一种稳重、大气的感觉，在局部点缀些许亮色就会有比较出彩的效果。不知道选用什么颜色时，这种中性色的搭配方法是屡试不爽，几乎不会出太大的问题。

[创意 039 的五张图片为一个完整的家居配色项目，从客厅、餐厅、书房、卧室到浴室，都使用了大面积的黑色，营造出沉静、睿智的整体氛围，再通过黄色和橙色作为提亮色，在局部进行点缀和装饰，使整体空间显得不会太沉闷。]

创意 040

质朴原木色，打造男性简洁风格

原木色以仿木纹表皮的色彩，突出贴近自然的特点，近年来大受人们的欢迎，其中现代风格、北欧风格和日式风格中使用较多，稳重的木质色彩，介于黄色与棕色之间，既不沉闷，也不跳跃，简洁的装饰风格与原木色可以营造出简单、稳重的熟男风。

创意 041

黑白背景 + 原木色辅助 + 亮色点缀，营造男性青春风格

20 ～ 40 岁的男性除了具有成熟、睿智的特点，同时也具有青春、文艺和浪漫的气息。所以男性空间色彩搭配时，要考虑到个体的差异性，有些男性喜欢稳重深沉，有些男性则喜欢青春文艺，黑白背景 + 原木色辅助 + 亮色点缀的搭配正好可以符合这类男性对配色的需求。

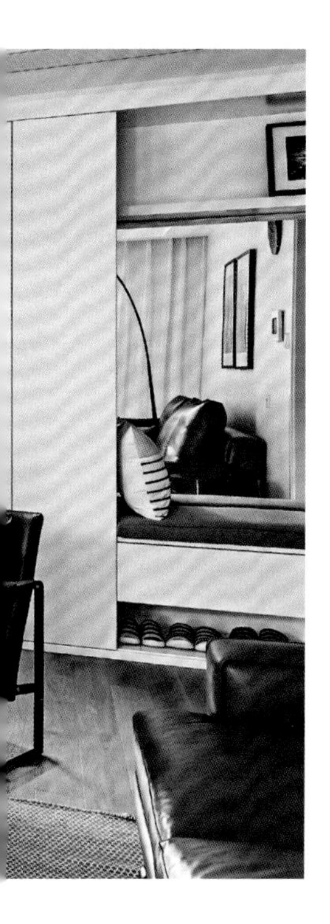

创意 042

咖啡色系家居搭配，打造男性雅致风格

类似于咖啡的颜色，在整体空间中不张扬不压抑，可以营造出一种优雅、精致的室内设计风格。

（四）老年人居住空间配色创意

世界卫生组织经过数据统计并界定65周岁以后的人群为老年人群。人随着年龄的增长，慢慢从中年步入老年阶段，身体的很多生理机能也在逐渐老化，器官功能也在渐渐衰退，对于味觉、嗅觉、视觉的感受也没有以前那么灵敏，对环境容易产生疏远感。老年人居住空间的色彩搭配需要重视，过于鲜艳和对比度强烈的色彩容易让人产生视觉疲劳和眩晕，所以要避免过多地在老年人居住的空间或老人房中使用鲜艳和对比度强的色彩。

创意 043

老人房色彩不宜太暗，以免造成沉闷的氛围

老年人的卧室和居所，色彩搭配不适宜太过鲜艳，也不能暗淡无光、死气沉沉，这样会影响居住者的心情和心态，心情愉悦才可以促进身体健康。

创意 044

老人房色彩使用种类不宜过多，以免出现眼花缭乱的情况

色彩使用种类太多，红黄蓝绿紫一起上，最后就会出现眼花缭乱的情况。老年人居所还是比较适合颜色素雅、色调清淡的搭配方式，色彩太多，容易引起头晕目眩。

创意 045

老人房色彩不宜纯度过高

纯度过高的色彩会有膨胀感，让空间显得狭小且缺乏透气感，灯光照射在大面积高纯度的色彩上，会愈发让人精神紧张。老人房适宜选择宁静、舒缓的低明度色彩，可以产生和谐的室内氛围。

创意 046

老人房搭配推荐色彩

淡漠蓝

墨绿

藏青色

优雅灰

咖啡棕

鹅黄

姜黄

森林绿

（五）休闲活力的居住空间配色创意

充满活力的空间让我们不知疲倦，洋溢着休闲感的氛围让我们更容易释放自我。打造一个休闲活力的空间需要尽量减少空间的装修成分，以装饰元素和色彩搭配把控整个空间，只有通透、干净的整体环境才能真正体现出休闲活力的特色。

创意 047

阳光味道的柠檬黄，让你活力四射

向日葵是黄色的，太阳是黄色的，所有黄色的东西都让人感觉金灿灿，好像充满活力和生机一般。柠檬黄不管是作为局部点缀还是较大比例地使用，都能够让人的心情得到舒缓和愉悦。

创意 048

青春活力的森林绿，解放疲劳的双眼

绿色系色彩具有清新、生机和活力的特征，将绿色系色彩运用到住宅家居中，可以增加森林般的活力气息。

创意 049

小清新色调配合北欧风格营造新活力

北欧风格的清新色调，搭配植物元素和明亮的光线，容易营造出活力、舒适和休闲的室内环境。

（六）个性时尚的居住空间配色创意

想要改变自己家居生活环境的色彩搭配，需要从哪些地方着手呢？我们可以着重关注构成家居室内环境的各种单个元素，通过改变单个元素，以及重组各种元素之间的色彩搭配来调整整体环境的色彩风格。家居室内环境由墙面、地板、家具、光线等组成，那么改变家居色彩的单个元素则有墙漆、墙绘、墙纸，布艺（窗帘、地毯、家居饰品、家具等），灯具（补充光源），植物（点缀色彩）这几个大的类别构成。

[麻灰色的床头背景墙深邃、时尚，搭配个性独特的墙头软包，床品色彩大胆、独特，这间卧室的主人想必是个时尚界的弄潮儿。]

创意 050

告别单调墙面，用不同色彩和形式的墙面打造个性居所

墙面色彩丰富多彩，但是怎样才能在千篇一律中产生个性化的效果，这就需要将墙面色彩与丰富的墙面表现形式相结合。

[卧室背景墙面采用墙绘的方式，大面积的浅蓝色背景搭配一幅希腊风景墙画，引人入胜，让卧室变得非同寻常，个性十足。]

［浅灰色波浪形电视背景墙将客厅衬托得与众不同。］

［深灰色与竖向线条风格的墙纸让整体餐厅环境变得摩登时尚。］

创意 051

告别单调墙面，让色彩肌理不同的墙面打造个性居所

室内居住空间中墙面和地板所占的面积最大，所以想要一个充满个性、时尚的居住空间，可以首选改造单调的墙面。

创意 052

摆脱平庸布艺之地毯：小小装饰也能引领时尚潮流

很多人觉得地板的色彩无非是来自地板材料本身的颜色，比如木地板，无非就是黑棕色、咖啡棕色、原木色等，瓷砖地板也大部分为白色、米色、乳白色等，想要通过地板的色彩增加全屋时尚气息，好像有点困难。其实不尽然，地板作为除了墙面外，室内环境最大的塑造者，很多业主和设计师都喜爱通过搭配不同形式和风格的地毯来塑造单个空间的独特气质。我们想要打造个性、时尚的居所，也不可避免地需要为自己的房间配上几块漂亮、时尚的地毯。

创意 053

摆脱平庸布艺之窗帘：光线与遮挡的时尚魅力

如果将空间比作一个女孩的话，布艺是她的服装，那么窗帘就是她的裙子，穿上裙子的女孩，瞬间将空间装点得娇俏、妩媚。

创意 054

摆脱平庸布艺之床品：寝具的变化也能塑造时尚魅力

床品的配色需要迎合整体卧室空间的配色系统，是画龙点睛的所在，一套好的床品配色可以与整体环境相呼应，点亮重点。

（七）甜美浪漫的居住空间配色创意

创意 055

白色 + 低明度色彩，营造甜美风

低明度色彩本身就带有一种甜蜜的感觉，以白色为家居的主体背景，小范围或者局部点缀这种甜蜜温馨的色彩，可以营造出家居环境的甜美感。粉红色、浅蓝色、鹅黄色、草木绿色，光是在脑海中想想就觉得一片温馨。

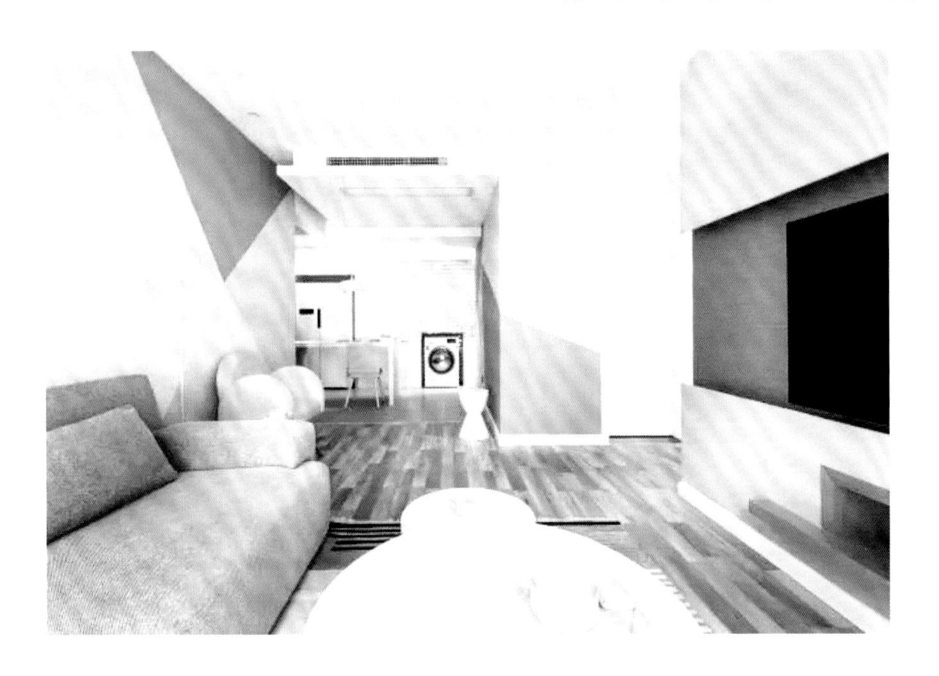

创意 056

利用灯光的色彩，增加家居氛围的整体温馨感

利用灯光自带的色彩，给整体家居环境镀上一层模糊的效果，能够起到柔化作用，让整体环境好像落入一片浪漫的氛围中。

创意 057

想要打造浪漫家居，需要避开大面积的黑和灰

如果想要营造甜美浪漫的家居环境，除了可以使用一些能增加氛围的色彩外，也需要时刻注意不要使用另一些颜色，主要包括纯度偏高的冷色调色彩，以及黑色、灰色等，这些色彩具有重量感和收缩感，只需要一点点，就能让空间显得冷峻、严肃。

创意 058

绿色丰满的植物是增加甜美温馨感的小诀窍

适当地增加室内植物的装饰也能够很好地提升家居甜美魅力值。

（八）稳重传统的居住空间配色创意

创意 059

咖啡棕色 + 低明度色彩，打造美式沉稳传统风

选用咖啡棕色系列色彩可以打造出稳重的美式传统风格，深棕色的皮沙发、铁质美式吊灯，让空间稳重、大气。

[创意 060 的五张图片是采用现代中式的空间设计手法，运用中式独有圆润的元素符号，放大于室内空间，在空间序列上贯穿一条主轴线，层层递进，步移景异，形成一府、一院、一园的空间格局，浅浅温暖的色调，采用白色 + 黑色 + 原木色的搭配，打造出禅意中式的沉稳，柔软温和，能够平静人心。]

创意 060

白色 + 黑色 + 原木色，打造禅意中式稳重风

当浮躁与功利甚嚣尘上，压力泛滥而来，遗忘的是初心，迷失的是温情。通过空间打造，使居住者的性情变得平静、从容，让家人之间更加温暖而有爱，家庭氛围融洽而亲密。

创意 061

不同深浅的棕色，混搭出别样的沉稳

深浅不一的棕色搭配在一起，凸显出一个沉稳空间的不同层次，恰到好处的比例与尺度，让空间显得稳重而不沉闷。

创意 062

象牙白 + 驼色 + 沙漠色 + 板栗色，营造托斯卡纳式稳重

创意 062 的四张图片是一个完整的项目案例，为表达一个恬静、稳重的室内空间，设计师在配色中以象牙白、驼色、沙漠色、板栗色为主要基础色彩，在软装搭配上以厚重的孔雀蓝、酒红色、灰绿色、古铜色来提亮整个空间。以法南意北最普遍的太阳花和薰衣草作为点缀，让空间洋溢着浓浓的托斯卡纳普罗旺斯地区的暖风、阳光和稳重。

（九）清新自然的居住空间配色创意

创意 063

纯白色 + 蒂芙尼蓝，打造自然清新

清晨，在淡蓝色的房间里醒来，阳光懒懒地洒进窗，厨房的烤箱传来叮叮声，屋子飘满法式现烤面包的香味。这便是送给你们的“蒂芙尼的早晨”。蒂芙尼是每一个对爱情有着向往的女生所热爱的品牌，这一抹浅浅的蓝，让生活和家充满了无尽的清新。

创意 064

纯白色 + 原木色，打造和风小清新

考虑到居住人群和个人喜好，小清新风格可以选择经典白色的墙面及浅木色家具的搭配。运用丰富材质来体现舒适型住宅的品质、简单、自然、清新，而又不失家的温馨。

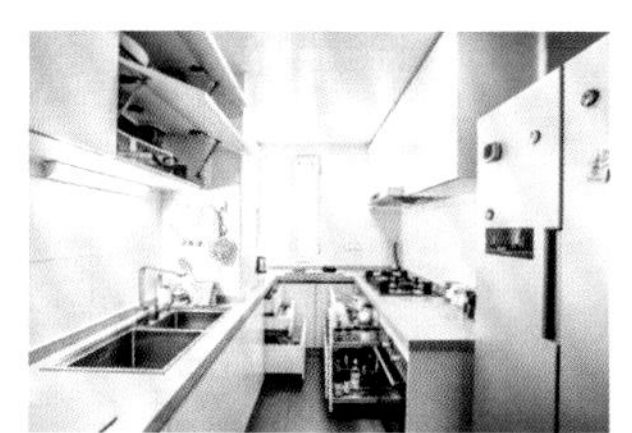

创意 065

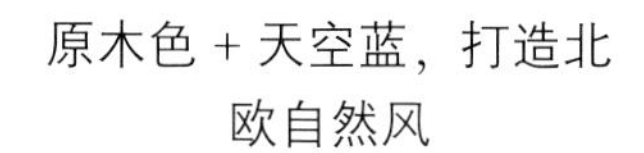

原木色＋天空蓝，打造北欧自然风

一抹淡蓝色，从墙面延伸全屋顶，形成了一种独特的协调感。全屋定制家具，使得整个空间都是满满的木色，十分温暖。

创意 066

优雅灰 + 原木色，打造森林系小清新

优雅的灰色搭配着小面积定制家具的原木色，让整个室内空间散发出一股森林的气息。

（十）轻奢典雅的居住空间配色创意

创意 067

金色与丝绒感交织在一起，营造法式轻奢范

法式浪漫是纯真与自然的气息，是典雅的代表，金色与丝绒质感的材料搭配令人心动。如果要寻找一种色彩来诠释轻奢的定义，那么金色就是最好的说明，在金色的点缀下，宝蓝色营造出神秘的感觉，酒红色展现出高贵的气质。在法兰西浓郁而浪漫的色彩空间里，异国风情与温馨生活呈现眼前，享受生活，即是当下。

创意 068

宝蓝色 + 柠檬黄，高贵典雅新典范

创意 068 的七张图片是一个完整的轻奢风项目案例，在原有精装石材的基础上，加以梦幻蓝为装饰主打色，无论是应用于窗帘，还是作为还原现代法式唯美的点睛之色，抑或是作为蓝灰色壁炉的基础用色，都能减少距离感并为空间注入源源不断的温柔气质。

古铜色装饰镜，不仅增强层次感，又可以带来舒适的视觉效果。和铜制水晶灯相辅相成，共同展示着空间不可忽视的高贵气质。

创意 069

橄榄绿 + 鎏金黄，不一样的轻奢路线

回归自然的配色，融入生命的张力，个性的墨绿镀金墙纸依附于深棕色装饰木作上，搭配如王冠般的床背，格外的华贵大气。明亮跳跃的边柜挂画和橙色墩子调节了卧室氛围，整个空间既有宫廷的优雅之贵，又具备现代自然的情调。

THE HOTEL BOOK

创意 070

优雅灰 + 低明度高纯度色彩，突破低调的奢华

以优雅灰作为整体空间基调，关键局部以低明度高纯度的酒红色、典雅蓝、姜黄色和翡翠绿等进行衬托，突出低调的华丽气质。

女性格调实景案例展示

Huarun Ziyun

华润紫云府

房型整体还是比较规整的，采光、通风都不错。设计师根据房型的优缺点和客户的需求，优化改造后保留了两间卧室和未来的儿童房。

设计公司：美宅美生设计
项目面积：145m^2
设计风格：美式风格
项目地点：武汉 · 金地艺境

色彩分析

男女主人比较偏好蓝色，所以我们考虑以蓝色为主色调，加入暖灰色和枚红色进行搭配以调和蓝色的冰冷感，营造出温馨不失浪漫的空间氛围。硬装仍采用传统的美式对称手法布局，使得空间大气稳重，在材质上局部使用亮面的贝壳马赛克及镜面材质，使视觉上得到延伸。简单搭配线条造型突显风格，通过颜色的分化增加空间的层次感。

软装上则打破传统的美式家具搭配，大胆地混入新维多利亚风格的家居饰品，一些皮草与金属都是近些年的大热家居材质，可以提升家居时尚度，更加契合业主时髦、活力的生活方式。

[北面的生活阳台保留，作为洗衣晒衣的功能阳台；南面的休闲阳台则纳入到客厅中，使客厅的空间更为宽敞，采光也更加明亮，并且为两只爱宠各预留了它们的窝以及猫咪的攀爬区域。]

[夫妻每年会出国旅行，在异地购入有纪念意义的饰物来装扮他们的家居环境，凝聚点滴的生活色彩。]

[设计师根据房型的优缺点和客户的需求，优化改造后保留了两间卧室和未来的儿童房。]

男性格调实景案例展示

Purely Corridor

原境回廊

由于此空间的先天条件，使得廊道成为连接公共区域及私密性空间的必要元素，试图赋予必然存在的廊道空间更加强烈的场所精神，让此一廊道扩散、延伸，并成为整体空间不可或缺的介质及设计主轴，串联空间，统一调性。

同时，屏除矫饰的色彩，回归到最初的色调。

设计公司：近境制作
设计师：唐忠汉
项目面积：245m²
设计风格：现代风格
项目地点：台北市
装饰材料：木皮、盘多魔、铁件、瓷砖、喷漆、绷布、石材
摄影师：岑修贤摄影工作室

初 · 始 / initial

空间架构，不加修饰，质朴、纯粹，却有一股温暖的力量。

使材质归乎于初衷，当各种材料得到适当的发挥，能为其所用，能相辅相成，空间自然而然以不造作的氛围呈现流露。

光影，不仅仅照射物体的表态，也刻画了空间底蕴的本质。

「有别于空间脱离的连接，却创造出回归单纯的情绪记忆。跳脱形式表现，以朴实直述的方式，呈现不同于以往的风格体验。」

有一种空间，交错时光，让人回味、想念。由中轴线贯穿公共区域及私密区域，相互分割渗透，以水染木皮与木质地板串联出整体空间的重要联系。

这是空间与空间的串联，亦是感情上的联系。

有一种场合，卸下武装，让人不由自主地进行一场直面内心的自我对话。仔细品味材质原始姿态下所建构而成的安谧，品茗空间围绕形塑出的温润朴质。

沉淀后，从容地面对空间与自身相互对话的滥觞。

SHINE
BRIGHT
SO

第三章

不同家居风格中的 88 个配色创意

- 新中式风格
- 现代简约风格
- 田园风格
- 北欧风格
- 现代美式风格

88 different color ideas in different home styles

家居色彩的搭配
可以让不同设计风格的家居环境特征更加出彩

新中式风格的室内设计常用色彩有咖啡色、深棕色、红色等，倾向于沉稳、庄重；

现代简约风格的室内设计常用色彩有优雅白、气质灰、深沉黑、皮棕色等，倾向于轻松、休闲；

田园风格的室内设计常用色彩有清新黄、森林绿、梦幻蓝等，倾向于清新、自然。

田园风格
现代风格
中式风格
北欧风格

第一节　新中式风格

新中式风格的室内设计是将古典中式中的精华和特色提炼出来，结合现代人的生活起居习惯，让带有中式元素的设计和现代的生活环境融合在一起，让室内设计兼具中式的沉稳和现代的时尚。新中式风格是室内设计发展中一种回归本我的表现，更是发扬和传承传统文化的体现。本节内容希望通过解读不同性质的空间，从色彩搭配的角度，总结出一些新中式风格营造的规律和方法。

（一）客餐厅

创意 071

确定客厅的整体色调后，再购买同色系家具

传统意义上，我们在布置客厅的格局时会提前考虑到客厅家具的摆放位置，一般家庭都会在客厅布置沙发、茶几等家具，有些有条件的家庭还会在硬装环节就设计好电视背景墙、沙发背景墙、吊灯等。所以我们在确定了客厅的整体基调和中式风格后，再去选购相对应的家具会使整体环境更加协调，中式家具与其他风格的家具不太一样，其风格特点比较突出，而且从色调上来说普遍比较沉稳，所以选购家具需要结合客厅的整体色调设计，以免出现违和的视觉效果。

创意 072

空间较大的中式客厅，可以选择深沉的家居配色

如果是空间比较大，宽敞而明亮的客厅，可以在选购中式家具时选择色调沉稳的种类，大部分的中式家具体量偏大且造型稳重，需要比较宽敞的空间来匹配。

创意 073

空间较小的中式客厅，可以选择原木色系的家居配色

如果是空间比较狭窄且光线不太明亮、但是整体家居设计又定位为中式风格的居所，我们在选购客厅家具时需要注意，这种情况不适宜选用深棕色、深咖色系列的沙发、茶几等，过于狭小的空间再搭配上体量大、色系沉重的家具会让人觉得压抑、沉闷。这种情况下可以考虑颜色偏浅的原木色系的家具，色调上清淡之后，室内的整体采光效果也会有所改善。

创意 074

利用中式水墨画
为客厅营造更多意境空间

与沉闷的中式家具相比，客厅环境需要一些更加空灵的饰物来点缀和装扮，写意的中国山水画或者比较有意境的抽象画可以让客厅空间多出一些留白，让家居空间有更多的舒缓氛围。

创意 075

利用中式盆栽为沉闷空间带来一抹清新绿色

木色的沙发、茶几、展柜搭配造型古朴、色彩清新的中式盆栽，中式风格的韵味瞬间被烘托出来。

整个空间色彩明亮，简单雅致，绿植与摆件相呼应，禅意宁静，空间的一静与一动相互呼应，仿佛与大自然相接触，回归自然，可以感受到自然的清凉与花香。

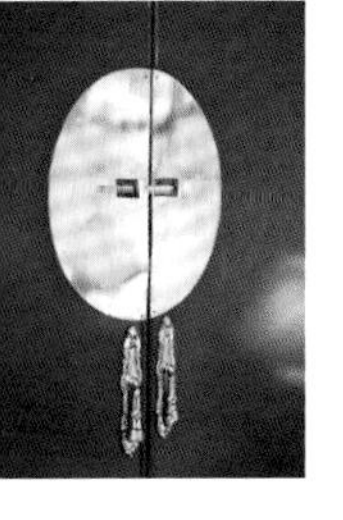

创意 076

恰到好处的低明度蓝色，可以营造中式宫廷风范

新中式风格的色彩搭配普遍是深棕色或者原木色及其近似色的搭配，很少运用一些比较明亮的色彩。其实降低明度后的蓝色、黄色和红色也极具中式风格的韵味。

创意 077

清新鹅黄色，给你一个文艺古风的中式客厅

清新、淡雅的鹅黄色将整个空间装点成小家碧玉的淑女，含羞拂面又气质非凡。

（二）卧室

创意 078

跳跃的色彩打造新中式卧室

中式风格的卧室，不仅仅是沉稳和禅意的代表，鲜艳的色彩同样可以营造不一样的新中式风范。

创意 079

淡雅色彩，旨在营造禅意中式格调

如果说中式风格的整体气质是稳重，那么它散发出来的禅意和古风就是其内涵。中式风格的卧室可以让人心情舒畅，给人节奏舒缓的感觉，用淡雅的色彩营造似水般的平静，更能领悟生活中的真谛。

创意 080

卡其色 + 金色，营造沉稳低调中式风格

在色调上主要以大气稳重的调子为主，以卡其色为主，金色在局部作突出的点缀，统一于潜藏的中式环境中，让空间有了诗情画意、清雅美感，代表了生活艺术的新潮流。用现代手法表达出东方禅意。

创意 081

浅黄色 + 咖啡棕色，深浅有致的色彩搭配让中式卧室不沉闷

自然的木纹流淌着时间的印迹，清雅的墙面平静了心灵。米色的窗帘透出对家人生活的关爱。卧室优雅简洁，浅黄色与咖啡棕色，深浅搭配有致，营造出舒适、不沉闷的中式卧室。

创意 082

浅金色 + 深棕色，古风意韵的主卧搭配

新中式软装风格是对传统中式装饰风格的继承与创新，它将现代元素和传统元素进行了有机的结合，以中国风采作为主线贯穿整个空间来设计，诠释着别致的中国风情，创意设计力求达到最高的理想境界。将古典中式艺术融合于设计当中，以现代人的审美需求去营造传统韵味。卧室以深棕色为基调，床品、窗帘、床头背景墙等选用浅金色进行修饰，搭配上中式风格的饰物，古风与现代并存。

[床头的荷叶造型瓷盘挂饰以及芥末绿的窗帘将悠远禅意的氛围烘托而出。]

创意 083

芥末绿 + 深棕木色，打造荷韵禅意卧室

卧室以木白二色交织，一派清雅淡泊。在床尾设置茶桌椅，禅茶之韵更肆意整个空间。

（三）书房

创意 084

暖黄色 + 湖水蓝，营造写意中式书房

在花鸟树木写意空间里，让人联想到阳光普照的山峦，暖黄色迎来了春意暖暖的活力。

创意 085

深咖啡色实木书房座椅 + 绿色盆景 + 黑白水墨画，打造标准化中式书房

实木书房家具 + 中式盆栽 + 写意山水画，这种“深棕色 + 绿色 + 黑白色”的色彩搭配，可以还原标准化的中式书房风格，如果你想要营造一个中式风格的书房，又不想花费太多的精力，这种搭配方法可以轻松达到你想要的效果。

创意 086

清雅竹色，流露自然、健康和淡泊的书房底蕴

新竹、新茶、新芽的色彩，是自然的色彩。淡雅的中式风格，营造出一种悠然见南山的闲适之感。在家具的选择方面抛弃了以往厚重繁复的传统中式家具，以简洁的样式和天然的肌理凸显出空间的自然气息。在色彩方面，偏爱自然、清新的竹色，让书房流露出中式园林的意韵。

创意 087

深色家具 + 徽派黑白灰，打造古风书房

新中式风格的家具多以深色为主，室内色彩搭配可以以苏州园林和徽派民居的黑色、白色、灰色为基调，打造古风书房。

（四）儿童房

创意 088

中式家具色彩偏沉重，儿童房可巧借色彩鲜艳的童趣饰物增色

中式家具由于其制作原料一般是实木材质，所以色彩普遍比较沉重，但是整体家居风格定位为中式风格后，儿童房的配色风格过于鲜艳会显得与整体空间有点格格不入。其实，即使是在比较沉闷的大环境下，巧妙利用一些色彩鲜艳、造型童趣的饰物，也会使中式风格下的儿童房别具风味。

创意 089

保留鲜艳活泼的红黄蓝色彩，巧妙利用中式元素点缀儿童房

并不是所有的中式风格都是沉稳、老气的，在中式风格的儿童房设计中可以照旧使用一些颜色鲜艳的色彩，不过为了迎合整体家居的设计风格，可以采用一些具有中式造型和元素的装饰画、顶灯、摆件等小的细节物件来衬托整体氛围。

创意 090

低明度宝蓝色，营造不违和的中式儿童房

低明度的宝蓝色或者酒红色，也能在中式风格中营造出不违和的儿童房。色彩不沉闷也不过于跳跃，将整体风格进行和谐过渡。

创意 091

自然木色 + 白色，光线充足，宝宝也能乐不思蜀

如果整体家居风格是写意禅意的古风风格，儿童房的配色设计就不太建议采用比较跳跃性的色彩进行搭配，可以选用与大环境相一致的木色和白色进行装饰，保证儿童房的光线充足。

新中式风格实景案例展示

The taste of Zen

禅茶初味

本案例以茶、文房四宝、棉麻布艺、深木色为基调来展现人文气息，东方韵味。

设计公司：方界设计
设计师：田婧婧
项目面积：160m²
设计风格：新中式风格
项目地点：深圳市宇宏健康花城

本案例以“禅茶初味”为主题，营造一个富有人文气息且禅意的东方诗意空间。以实木，中式特有符号，以及茶、棉麻布料等为元素，色彩以深木色为主基调，搭配着米白色，哑灰色，漆黑色等色调慢慢展开。简洁雅致的新中式家具为线条轮廓，稳重的深木色配上哑光烤漆赋予空间儒雅幽远的风神骨相。上乘的纹理质感与不同的材质面料穿插其中，碰撞出新中式与传统中式相结合的雅致空间。

[蓝色和灰色的大小艺术餐盘相互叠加，金色的装饰条更显雅致。山形的筷托，精致的筷子，加上餐巾的组合错落有致，层次感更加强烈。整个组合禅意浓厚，使人赏心悦目。]

[整个空间白色居多，明亮的橙色作为点缀，搭配墙纸上自然的花鸟元素，盆栽使整个空间更加明亮，纯粹。欢快活泼的橙色与米白色相结合，古铜色的古韵拉手与米白色的面料相碰撞，让空间更加的古朴典雅，清新流畅。明亮的橙色，点亮并活跃了整个空间的氛围，不禁让人觉得住在这里每天都能心情愉悦，摆脱世俗烦事，静心享受这份难得的舒适。]

［儿童房整体空间运用干净整洁的色彩，搭配着纯度鲜明的挂画。］

［寻一季清凉，感受风与花香的缠绵，体味雨打窗棂的静美。］

［“静心者方能悟禅”，宁静的自然，恬静优美；宁静的心灵，淡泊安然。简约干练的木格栅搭配着挂壁式的灯饰，幽幽的绿植与古色古香的摆件相呼应，并选用了浅灰色的布艺作为空间家具的颜色基调，强调了空间里的雅致禅意之感，清雅含蓄，体现了端庄风华的东方式的精神。］

第二节　现代简约风格

现代简约风格是艺术的一种抽象表现形式。最开始是在绘画等领域被艺术家所认识和接受，后来逐渐发展到居家空间设计和建筑设计中，以一种“少即是多”的理念展现出设计师们对设计方式的新的认识。

极简主义在近些年的室内设计中逐渐形成一种风潮和趋势。随着经济的高速发展，城市中涌入了越来越多的人，对住宅空间的需求越来越明显，在人均住宅面积日渐狭窄的现实条件下，现代简约风格的室内设计获得了更多人的推崇和热爱。

（一）客餐厅

创意 092

材质与色彩的完美融合，打造一个有质感的现代感客厅

入口木皮凹凸墙面交叠延续至开放式的客厅，使整体空间增添了光线阴影的层次感。借由虚化的黑与白量体，界定出不同的使用空间，并利用量体的转折呼应地面材料的延伸。纯粹的色彩，质朴的材料利用色系的块体及材料的质感，搭配光影的变化使三种元素创造出室内空间所需要的温润情感。

现代简约风格的特点主要有：

1. 空间布局更加简洁。

现代简约风格的室内设计为了更好地满足人们对于居住空间的需求，坚持挖掘空间布局原有的特点，让较小的空间在较少的装饰材料、简洁的家具等环境下显得通透、简洁和时尚。

2. 空间元素具有线条感。

不管是原有的建筑空间格局，还是家具陈设等，都具有线条感十足的特点。直线、曲线、折线等，能够很好地划分空间布局，不拖泥带水，也没有额外的装饰。重复使用造型单一的家具和陈设，能够体现出空间的整体感和统一性。

3. 空间色彩纯粹而干净。

空间布局的色彩不丰富，而是选用比较单一的色系，并在局部需要突出的地方采用小面积、小体量的鲜艳色彩作为点睛之笔。

4. 材料讲究整体性和统一性。

现代简约风格的室内设计比较注重色彩和材质的统一性，简单统一的材料反复出现可以起到强调和突出重点的作用。大面积使用一种材料，能够营造通透、简洁的空间。

创意 093

深灰色 + 木色 + 白色 + 灰蓝色，现代港式的别样风情

即使是简约的现代风格，也可以同时采用多种色彩。简洁明快的设计风格却丝毫不显得色彩单一和寡淡。

创意 094

背景与家具的深浅搭配，塑造现代经典风范

现代简约风格的室内设计线条感突出，容易呈现立体层次。视觉上，家居空间背景与家具的深浅搭配，让空间感更加明显，整体尽显和谐。

创意 095

时尚简约的现代家具搭配上高对比度的色彩，给人全新的体验

现代简约风格的室内设计讲求简约而不简单，具有现代设计感的家具都具有比较强的功能性和使用特征，同时搭配上对比度强的色彩，可以凸显出整个空间的个性化。

创意 096

硬朗色系的现代风格客餐厅，让空间显得干练和利落

冷色调和黑白灰系列色彩与线条相结合，打造出干练、利落的客餐厅环境，让家居环境变得更加现代和简约。

创意 097

轻快色系的现代风格客餐厅，让空间显得活泼有生机

中心色为黄色、橙色。客厅的沙发、单人座椅以及餐厅的餐椅和古铜色吊灯，均选用色彩跳跃的黄橙色，再搭配一些绿色植物进行烘托，使整体环境充满惬意、轻松的氛围。

创意 098

典雅色系的现代风格客餐厅，让空间显得优雅和从容

创意 098 的四张图片为一个完整的项目案例，客厅设计延续了整体的咖色，在沙发墙运用了深色墙纸增加了空间的层次感，同时利用鲜明的橙色点缀空间，增加活泼感。胡桃木的茶几和电视柜为客厅带来更多的温润感，同时又不多不少稳住了客厅的大体量。整体不多余而且又不杂乱的颜色，简约而又自由。

创意 099

轻柔色系的现代风格客餐厅，让空间显得浪漫和雅致

（二）卧室

创意 100

借助现代时尚的造型灯为卧室加分

现代简约风格的卧室一般陈设简单，如果是色彩比较清淡的配色设计，可以巧妙地利用造型别致的卧室灯（吊灯、落地灯、床头灯等）进行装饰。夜晚，灯光作为调色器，可以柔和地改变室内色彩的搭配；白天，别致造型的灯饰即使在关闭状态也可以成为室内空间的点睛之笔。

创意 101

主色调以中性色为主，床品和抱枕选用亮色进行点缀

卧室使用温暖的浅驼色，打造温润柔美的空间情调。搭配纯白色的柜子和实木百叶窗，浅色让空间显得宽敞明亮。

创意 102

高雅灰 + 墨水蓝，在平淡中寻找生活真谛

现代风格的卧室设计注重软装搭配以及色彩和材质之间的和谐统一，摒弃了繁复的造型家装，一切从简，在平淡中寻找生活真谛。在主卧室床头设计的黑色门板储物柜，很好地规整了原本八角的空间，同时又增加了储物空间。

创意 103

轻柔色系的现代风格卧室，让空间显得甜蜜而浪漫

卧室使用柔和的色调，卧室阳台区是屋主特意安排的观影及休闲区，是两人的小小世界。

创意 104

木色 + 大地色系，让现代风格的卧室变得低调有内涵

以温润的木质作为空间基底，搭配大地色系的沉稳，及单面采光的基地条件，营造一种温暖舒适的氛围。

（三）书房

创意 105

深棕色 + 沉稳蓝，怀旧与现代兼容并蓄的书房

这是一个怀旧与现代风格混搭的书房，深棕色与深蓝色搭配让整个书房空间都弥漫着一股大航海时代的气息。

创意 106

深浅卡其色 + 橙色，让书房中的古朴与现代相得益彰

书房地板选用深浅不一的皮革地板，墙壁与书柜则选择使用深棕色烘托整体环境，显得古朴沉稳，配上两幅橙色的现代画作，让书房中的古朴与现代相得益彰。

创意 107

黄色+橙色+黑色，整齐但不沉闷的书房空间

书房陈列架使用黑色与橙色，稳重之中又不乏活跃。为了增加整个空间的生气，书桌的形状和颜色的选择也匠心独运，用圆角三角形和黄色来调和书房中的氛围。

创意 108

水泥灰 + 木色，强调返璞归真的本色生活

水泥灰 + 自然木色的搭配，突出了平和、清淡、素然如斯的生活哲学以及自然天成的艺术风韵，色彩上贴近自然，让生活回归自我。

创意 109

白色 + 灰色 + 黑色，打造书房高品质质感

黑白灰色彩搭配的方式，比较适合面积不太大的书房类型，一方面可以突出整个空间的现代设计感，另一方面对比其他鲜艳的色彩来说，可以在视觉上最大限度地放大书房的空间。

（四）儿童房

创意 110

灰调 + 柠檬黄，
清新活泼儿童房

儿童房充满了童趣与天真，灰调元素与活泼感相得益彰。

创意 111

不同明度的红色系色彩，打造唯美女孩房

窗帘、饰物、小家具以及花束采用不同深浅的红色，将现代简约风格的女儿房布置得唯美、浪漫。

创意 112

米白色 + 薄荷蓝，打造轻松愉快的儿童空间

儿童房的两面墙，一面整体铺贴米白色墙纸，另一面则选择用环保漆刷成薄荷蓝，米白色 + 薄荷蓝，使整个儿童房空间沉静不张扬，宁静中也不乏生机与活力。

创意 113

珊瑚蓝 + 姜黄色，现代港式的儿童房

整个儿童房空间比较开阔，主色调选用了珊瑚蓝 + 姜黄色，冷暖色相结合，让儿童房保持宽敞的空间感，又不缺少活力和生机。

现代简约风格实景案例展示

Forest Park

森林公园馨园

空间规划和视觉传达，家居设计的双重价值在本案例中得到了最大呈现。

设计公司：壹舍设计
设计师：方磊
参与设计：马永刚、朱庆龙、黄大康、周莹莹
项目面积：283m²
设计风格：现代简约风格
项目地点：合肥万科森林公园

开间 7m 的横厅展现的是大方、直接的审美意趣。墙体用竖线分割，呈现立体层次。电视的摆放结合收纳及展示柜，美观、整齐而又实用。客厅在装饰材质的应用上也是相互呼应的，视觉上用深色背景配浅色家居，整体尽显和谐。

[入口玄关将动线分散，分别通往客厅与餐厅。抽象的艺术画是整个空间的视觉焦点，画作赋予空间独特的艺术气质，带来充满流动性的艺术美感。餐厅部分设计延续了客厅的风格，搭配生机盎然的绿植，营造出舒适的就餐氛围。]

[一楼次卧，整体烘托出舒适宁静的意境。]

[一楼的客房，温馨惬意，使来访的亲朋好友有宾至如归的感觉。]

[二楼主卧依然选择了灰色和米色的中性色调，用装饰品和灯具来营造优雅的气氛。以深色抱枕和搭毯来点缀，用色彩和材质演绎出一种卓有个性的现代气质。]

[地下室的工作室空间，以摄影旅游爱好者为定位，连接家庭厅、下沉式庭院和家用暗室。干净简洁的线条被设计师张弛有度地运用到空间中，在灯光线条的交错里，由内而外呈现出一种内敛干练的气质。]

第三节 田园风格

田园风格是指通过装饰或者装修等各种手段将室内环境营造出一种自然、乡村、悠然见南山的田园氛围。田园风格的室内设计有一种亲近自然的特点，主要提倡回归自然的家居风格。

目前比较流行的田园风格主要有美式乡村风格、英式田园风格、中式田园风格和韩式田园风格，其中美式乡村风格最受喜爱。

创意 114

海水蓝 + 姜黄色，条纹图案尽显田园休闲

蓝色与黄色属于对比度比较强烈的色彩，能够让整个空间显得活泼，田园风格的室内设计可以将主色调中的颜色融入碎花、条纹、格子等装饰元素中，让色彩更加协调。

传统的美式乡村风格的灵感来源于其西部文化和乡村度假木屋形式。在建筑设计上，比较具有原始气息，有粗犷、大气的特点。室内设计上，常大面积使用宽厚、质感较粗糙的原木地板，一方面是因为取材方便、造价低廉，另一方面也跟当地居民习惯的生活方式有关。室内整体色调为深沉的棕色或咖啡色。在软装方面，沙发、窗帘和床品等都选用带有条状花纹或者植物花卉图案的布艺材料；装饰摆件多种多样，但主要还是以充满年代气息、自然风味或者具有较高纪念价值的装饰品为主，例如在餐边柜或者厨房陈列柜上摆放的原木相框、餐桌上的插花花瓶等。

经过发展而更加适合现代人居住的美式乡村风格住宅，与传统风格相比，多了一些轻松、随意，少了一些深沉的色彩。在沙发、窗帘和床品的选择上，色彩趋于更鲜艳和活跃。在家具体量方面，会根据住宅空间大小，合理布置体量合适的沙发、座椅、电视柜等家具，而不再是仅仅追求大体量的视觉感受。在陈设装饰品摆件上，为了突出美式乡村风格的特点，会较多地使用带有乡村田园气息的装饰品，如小鸟陶瓷摆件、成套的植物花卉挂画、碎花图案的抱枕以及鹿头样式的烛台等。

（一）客餐厅

创意 115

气质灰 + 墨水蓝，田园与怀旧并存的客厅

气质灰与乳黄色作为主体色，运用在软布沙发、墙壁、窗帘等大面积的家居物品上，墨水蓝点缀其中，营造出一派自然、田园的客厅氛围。

创意 116

浅灰色 + 蒂芙尼蓝 + 金色，打造小清新的田园风

创意 117

材料原色 + 浅灰蓝色，霍比特小屋式田园风

巧妙利用各种材料的原始色彩，自流平水泥式灰、原木色地板与餐桌、灰黄色墙砖，再与全屋的浅灰蓝色搭配，营造出一股自然、协调的霍比特小屋风情。

创意 118

米黄色 + 湖水蓝 + 浅卡其色 + 小碎花，打造标准式田园风味

创意 119

深棕色 + 浅灰色，
打造现代感十足的田园度假风

田园风情不一定都是碎花、条纹、格子图案的堆叠，深浅棕色与灰色，再加上随性、自由的室内陈设，以及开阔的大落地窗，让室内氛围变得更加亲近自然、贴近自然。

创意 120

原木色 + 清新小绿植，森林系田园风情

餐厅原木的色彩、泥土的芬芳以及片片绿色点缀，身处这样的空间，心情犹如穿过森林般畅快。

创意 121

深浅色彩相搭，营造怀旧乡村风

浅色的砖墙搭配旧旧的木质家具。那种复古的情怀，似乎放慢了时光，待人们慢慢地细细品味。白色的布艺沙发配合颜色暗淡的地毯，即使是摆在一旁的小盆栽，叶片也是深沉的墨绿色，仿佛能闻到泥土的芬芳。以抬高阳台作为与客厅的分界线，木质的座椅再加上木质的搁置柜。最后点缀上几盆绿色的植物，成了最佳的休闲场所。

创意 122

干净清爽色调为基础，运用棉麻质感材料，打造清新浪漫自然风

干净清爽的色调作为基础，运用棉麻质感的布艺、家具、挂画与鲜花绿植搭配组合出一个简约而舒适的客厅空间。色彩上使用沉静的高级灰墙面，与原木色和白色呼应，一组灰色系的棉麻布艺沙发撑起了舒适的客厅空间，让所有可被发挥的冷暖色彩都能自然过渡，自然主义情调的家具贯穿其中，看似简约的设计都有细节上的造型变化。

（二）卧室

创意 123

芥末绿 + 木色，搭配出田园气息

摒弃过多的繁复而厚重的装饰，运用简洁的设计笔触和创新的搭配，着重于材质、色调与空间的对话，芥末绿与木色搭配出了田园气息。

创意 124

白色＋高雅灰＋浪漫蓝，打造法式田园高雅范

主卧延续优雅的格调，浪漫的白色沙幔环绕着居于视线焦点的四柱床，伴着优美曲线的灰色、白色墙面，反透着哑光的木纹地板，用艺术挂画来增添空间知性从容的调性。

创意 125

浅棕色条纹床头背景墙 + 深棕色卧室家具，塑造美式经典乡村风

（三）书房

创意 126

白色 + 淡木色，清淡而高雅的书房让人沉浸无法自拔

创意 127

清新绿 + 棉麻质感，是营造十足文艺气息的小妙招

书房部分墙壁和窗帘选用清新绿色，在白色与木色的环境中显得清新脱俗。棉麻的布料、闲趣的花鸟挂画，让书房自然、舒适。

第四节　北欧风格

北欧风格主要指欧洲北部国家，如挪威、瑞典、丹麦、芬兰等国的艺术设计风格总称，而且主要指室内设计和产品设计。北欧风格具有贴近自然、简洁、明亮的特点。

北欧风格的形成及特点与北欧国家的自然气候和地理特点有关。挪威、瑞典等北欧国家其维度位置偏高，光照不太充裕且日照时间偏短，所以为了更大化地利用光照条件，北欧风格的室内设计硬质装修一般很简洁，且在客厅布局时常使用大落地窗、大面积白色的墙面和地面来保证光线充足。而且由于当地的雨雪季节时间长，人又有亲近自然的天性，所以在室内装饰中会较多地运用更加自然、简洁的材料和饰物。

北欧风格的一般特点

(1) 轻装修，重装饰。

北欧风格比较重视陈设布置，其硬装环节一般比较简洁,室内以白色墙面、原木色地板为主，装饰材料也都使用原始天然质感的材质。

(2) 色彩搭配清新，贴近自然。

北欧室内设计风格的色彩一般选择冷色调，色彩搭配风格偏向于清新、自然和简洁。

(3) 家居造型简单不繁复。

不管是客厅的沙发，还是餐厅的餐桌椅，抑或是卧室的床与梳妆台，北欧风格的家具普遍追求线条感，造型简洁不繁复，让整体空间空灵不沉闷。

(一) 客餐厅

创意 128

水晶粉 + 静谧蓝，点缀出纯净北欧风

后期软装的色彩上选取了水晶粉 + 静谧蓝两种点缀色调，因为这种颜色源于大自然，是海水（蓝）夕阳（粉）的色彩结合，给居住者提供了温暖与宁静并存的心灵平衡。

创意 129

降低明度的蓝色 + 黄色勾勒出清新自然的北欧雅致

客厅中延续北欧风格，去除多余的装饰，每一件家具，每一处软装都可以带来色彩。木纹砖的地面，跳色的茶几与抱枕，布艺的沙发和窗帘盒暗藏灯带的设计表现出一个欢快、简洁的北欧客厅。客厅望向餐厅的方向，便可看到整个宜人居家的小天地，设计师以文艺白与原木色作为空间主导，以蓝色、黄色为空间调色，清爽简洁又颇有质感。

创意 130

亮白色 + 原木色 + 清新绿植，缤纷彩色点缀出斑斓北欧风

创意 131

原木色 + 文艺白，北欧餐厅的极净格调

小户型的客餐厅一体，视觉更为开阔，动线流畅，色彩、材质元素融入整个家居空间，更加具有整体感。

创意 132

纯白色 + 原木色 + 静谧蓝，打造小空间北欧风客厅

小空间的客厅既要保证光线充足，同时也不能让氛围过于压抑，在不可避免地使用了大面积的原木色木地板后，就需要采用具有收缩效果的色彩。白色背景让整个环境静谧、空灵，静谧蓝点缀其中，增添色彩亮点。

创意 133

浅灰色为主色调的北欧客厅设计，可以适时选择一些亮色进行点缀

客厅使用浅灰色作为主色调，辅以蓝色系沙发、经典的北欧单椅、大块色彩地毯，浅天蓝色电视墙，在自然纯净的触感下，空间呈现被光线包围的明亮感觉。

（二）卧室

创意 134

浅色 + 原木色为背景，湖水蓝缓和深棕色的沉闷

卧室以浅色、原木色为主色调，再以透过大面积窗户的自然光为点缀，精致个性的小壁灯给空间带来了活泼感。蓝色的床品与窗帘相呼应，使得空间更具清新活力。

创意 135

纯白色墙面 + 原木色地板 + 亮色床品点缀，营造轻松愉快的卧室环境

四面白墙是北欧风格的特点之一，简洁、明亮的卧室环境中点缀些许亮色，让整个空间显得生动、活泼。

创意 136

纯白色 + 香芋紫，营造浪漫北欧风

创意 137

纯白色 + 淡卡其色，描绘舒缓轻盈的北欧居室

卧室四面墙体选用淡卡其色，没有任何多余的装饰，没有造型复杂的吊顶和石膏线，让室内环境更加舒缓和轻盈。

创意 138

地板装饰床头墙面，丰富卧室视觉效果

如果觉得墙面刷白过于单调，过于鲜艳的墙面漆又不符合整体家居的北欧气质，可以采用地板上墙的装饰方法，色彩方面不会过于鲜艳，墙面与地板之间也有了延伸感。

创意 139

利用光源为卧室色彩增色

北欧风格的卧室多半具有简洁和明快的特点，造型别致的灯饰、原生态材质的布艺、外形干练和有生趣的摆件让室内环境变得更加丰富。作为休息区的卧室，我们也可以巧妙利用灯光，创造光源，改变和丰富卧室内的色彩搭配。

创意 140

优雅灰 + 浅水蓝 + 柠檬黄，清新而温馨的北欧风范

卧室使用柔软的色调，让整体环境轻盈、舒适不沉闷。

（三）儿童房

创意 141

墙面使用降低明度的色彩 + 造型别致色彩鲜艳的饰物点缀，营造温馨北欧儿童房

儿童房需要保证房间光线充足，且不要过多使用黑色、棕色、咖啡色等沉闷的色彩，墙面可以选用纯白色或者降低明度的色彩，显得温馨又不过分扎眼，巧妙利用儿童喜爱的各种元素进行装饰，墙面的装饰画、可爱造型的台灯等都是很好的装饰品。

创意 142

浅棕色 + 宝蓝色，
儿童房的静谧空间

北欧风格实景案例展示1

Corner

一隅

在这个城市里留一个角落给我和你，忘掉烦忧吧，给你一个家。

设计公司：合肥 1890 设计
设计师：夏承龙
项目面积：89m^2
设计风格：北欧风格
项目地点：合肥融科城二期

拆除了客厅与书房之间的墙体，做成的半高隔墙与原承重梁用木饰面包裹起来，在空间上得到了视觉上的延伸，两个空间的光源相互通融交汇，使得两个空间既有独立功能，又相互连通。

半高的隔墙并不是很生硬地将每个空间划分开来，而是隔中有连接，断中有连续，将客厅、餐厅、书房空间与元素很好地串联起来，形成了清爽简洁干净的北欧风格。

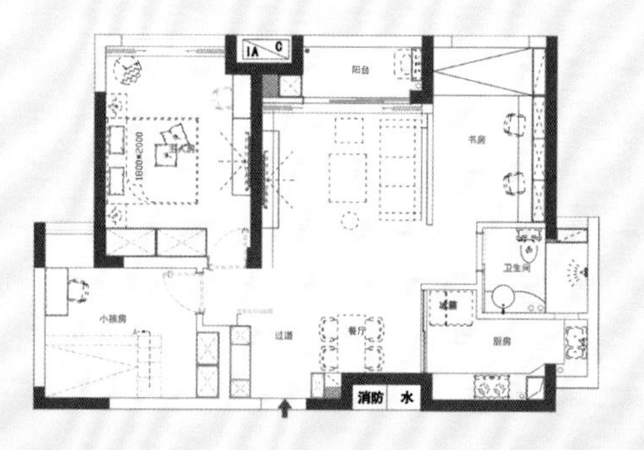

[餐桌小景，伴着白色蜡烛与花束，更显明朗与温暖。]

[书房的飘窗台做了延伸，美观与实用性并存。简易的置物架上搁上一盆小绿萝，将室内外的气息很好地衔接起来。一束阳光、一本书、一个周末于一隅。]

Nordic ethereal style

北欧空灵

本案例设计最初定位为“像北欧人一样生去活”，简约、自然、幸福的空间，极致的简约，还原了北欧至净的生活。

设计公司：重庆双宝设计机构
设计师：周书砚
项目面积：120m^2
设计风格：北欧风格
项目地点：重庆复地上城

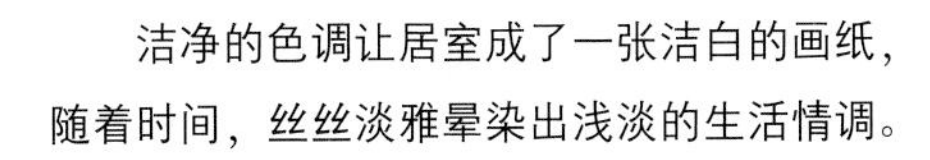
洁净的色调让居室成了一张洁白的画纸，随着时间，丝丝淡雅晕染出浅淡的生活情调。

第五节　现代美式风格

现代简约美式风格在现在年轻人中有另一种简称——“简美”，代表了简约现代的美式风格。很容易理解，即是把传统美式风格简单化、现代化了，是对美式风格的一种重新解读和高度提炼，“轻怀旧”情怀也自此而生。

现代简约美式风格的特点,即是结合了“轻怀旧”和自由随性,让室内风格以美式为主,但是不一味追求大体量家具，深沉的皮革、实木材料以及沉重的色彩搭配，它结合美式的实用性，并在实际空间设计里不时流露出一丝华丽、精致的细节。美式现代简约风格与古典风格、乡村风格相比，线条更加简单、明晰，色调也相对比较单一，装饰得体，优雅不繁复。

美式现代简约风格的家居设计，在住宅空间上与传统美式和乡村美式的差异并不大，其客厅依旧是倾向于空间开阔、采光良好的特点，家具选择方面则选择线条稍微简洁、体量不太大、没有过多装饰图案的类型,整体色调方面也偏向于白色、米色、灰色、淡蓝色等冷色调色彩。厨房设计方面，大多数情况下依旧选择开放式厨房，有尺寸适宜的厨房操作台，色调统一、简洁并协调的整体橱柜，精致、美丽的餐桌等。

（一）客餐厅

创意 143

奶茶色调，温柔又迷人，
恰到好处地融合了美式的慵懒与精致

这里将美式的慵懒与精致融合得恰到好处，奶茶色的主色调，整体空间强调自然又给人满满的温暖感。

创意 144

沉稳的美式家具＋暖黄色主调，营造出休闲美式客餐厅环境

轻触散落的阳光，斑驳的倒影里，温柔的脚步声轻起，浮躁与喧嚣渐离渐远，心里澄澈如昔，时光柔软，岁月静好。暖黄色调贯穿整个家，在每个空间的每个装饰细节上，用心刻画出一个温馨的港湾！

创意 145

纯白的整体格调 + 柠檬黄点缀，让空间显得开阔、明亮

创意 146

咖啡色 + 深棕色为底，让空间沉静不漂浮，姜黄色 + 璀璨蓝点缀其中，焕发生机

客厅沙发背景墙用简单的线条组合勾勒出块面感，花卉纹的四联挂画让墙面沉静优雅。咖啡色的沙发和深棕色实木茶几都让空间沉稳下来，姜黄色地毯与璀璨蓝沙发凳让空间焕发出活力和生机。餐厅区做了卡座加餐桌的组合形式，连接储物吊柜和三门落地储物柜。厨房门使用木质滑门，呼应餐桌和茶几的木色，让空间更有自然质朴感。

创意 147

以白色 + 原木色为背景，
辅以孔雀蓝 + 亮丽黄搭配，
实现现代美式新体验

创意 148

蓝色 + 黄色，美式家居的经典搭配色

温馨舒适的美式家具，干净利落的墙面，整体环境雅致清新，宁静的蓝色 + 跳跃的黄色，让现代美式风格的客厅变得更加活跃和时尚。

创意 149

优雅灰蓝色 + 典雅米黄色，缱绻相依的美式美宅

客厅电视背景墙的柜子设计满足收纳功能，和简约壁炉造型连为一体，沙发背景墙运用墙板和柔和蓝灰色搭配，一派简单优雅的模样。灰蓝色 + 米黄色，和谐柔美的色调，让家的感觉更重了一分。

创意 150

亮橘色 + 深棕色，
打造摩登现代美式

创意 151

卡其色 + 姜黄色 + 淡漠蓝，还原美式经典色彩搭配

客餐厅采用鱼骨拼花地板，选择金属材质边框的家具及浅木色茶几，搭配上简单几何图形地毯，使整个空间层次分明。再搭配上铜艺吊灯及顶面田字格造型吊顶，使原本单调的空间，丰富起来。墙面浅蓝色乳胶漆的选择，有一种浪漫的气质。

（二）卧室

创意 152

鹅黄色 + 淡绿色，营造春天般清新的寝居环境

整个空间是灰色调，利用软装点缀。卧室选了很有春天感的黄绿色墙漆，搭配素色拼接的窗帘，并利用灯饰等进行点缀。

创意 153

浅豆沙绿 + 月牙白，纯净舒适的美式空间

卧室空间较为狭小时，需要在色彩搭配上做一些调整。选择一些清淡、具有收缩效果的色彩，避免过于沉重的颜色有利于让整体环境看起来更加开阔和舒适。色调方面使用浅豆沙绿搭配月牙白，柔化空间，让业主拥有静谧香甜的睡眠氛围。

创意 154

优雅浅灰 + 淡漠蓝，丝滑般的体验感

房间整体清爽明快，颜色清丽不复杂，优雅浅灰和淡漠蓝，奠定了整体空间的主要基调，黄色跳舞兰的点缀更是为生活带来了一丝俏皮。

创意 155

深灰色 + 墨水蓝，怀旧情怀的现代美式

创意 156

亚麻蓝 + 米黄色，搭配美式经典家具，诠释出现代复古美式风

在设计上以细腻而神秘的灰作为空间基底，搭配美式经典的木质家具，增添布艺的天然感受，以及少量金属质感带来的时尚气息。美式复古文化的独到韵味，温情暖意的家庭氛围，耐人寻味处透露自古而远久的芬芳。

（三）儿童房

创意 157

薄荷绿 + 天空蓝，打造美式学院风儿童房

浅色格子纹路墙纸搭配薄荷绿床品和天空蓝的窗帘与布艺，营造出清新、文艺的学院风。现代美式风格的儿童房，造型多样，色彩丰富。

创意 158

淡粉色 + 香芋紫，打造美式公主风儿童房

图片索引

创意图片	设计公司
创意 001 图片	近境制作 / 晓安设计事务所 / 美宅美生设计
创意 002 图片	近境制作 / 晓安设计事务所
创意 003 图片	设计师孟繁峰
创意 004 图片	近境制作 / 美宅美生设计 / K-one 设计
创意 005 图片	品辰设计 / 品川设计 / 拾雅客空间设计
创意 006 图片	近境制作
创意 007 图片	近境制作
创意 008 图片	重庆于计设计 /Poteet 设计公司
创意 009 图片	重庆于计设计
创意 010 图片	美宅美生设计
创意 011 图片	重庆于计设计
创意 012 图片	设计师孟繁峰 / 盒子设计 /000
创意 013 图片	周视空间 / 重庆于计设计
创意 014 图片	南京梵池设计事务所
创意 015 图片	HEAD Architecture and Design
创意 016 图片	美宅美生设计
创意 017 图片	重庆于计设计
创意 018 图片	盒子设计 / 私享家 / 末那识 / 壹阁高端室内设计
创意 019 图片	刘奎俊
创意 020 图片	私享家 / 久栖设计
创意 021 图片	凡尘壹品
创意 022 图片	品川设计
创意 023 图片	Sylvia Fournier、Alvaro Rojas
创意 024 图片	Arch. Mauricio Arruda 设计公司
创意 025 图片	刘魁玖室内设计
创意 026 图片	Denis Kosutic
创意 027 图片	Werner van der Meulen
创意 028 图片	桃弥设计 / 大成设计
创意 029 图片	方界设计 / 艺居软装设计 / 重庆于计设计

（续）

创意图片	设计公司
创意 030 图片	品川设计 / 凡尘壹品
创意 031 图片	美宅美生设计 / 龙徽设计
创意 032 图片	品川设计 / 以勒设计 / 重庆于计设计 / 美宅美生设计
创意 033 图片	清和一舍 / 重庆于计设计
创意 034 图片	重庆于计设计
创意 035 图片	美宅美生设计
创意 036 图片	双宝设计 & 顶哲时尚
创意 037 图片	诗享家
创意 038 图片	Campion Platt 设计公司
创意 039 图片	导火牛
创意 040 图片	近境制作
创意 041 图片	大斌空间设计
创意 042 图片	ACE 谢辉室内定制设计服务机构
创意 043 图片	壹阁高端室内设计
创意 044 图片	清羽设计
创意 045 图片	私享家
创意 046 图片	/
创意 047 图片	私享家 /STUDIO.Y 设计
创意 048 图片	文青设计 / 清羽设计
创意 049 图片	舟不离设计
创意 050 图片	尚舍设计 / 周视空间 / 大墅尚品
创意 051 图片	尚舍设计
创意 052 图片	尚舍设计 / 晓安设计事务所 / 幸福格色 / 重庆于计设计
创意 053 图片	设计师孟繁峰 / 美宅美生设计 / 舟不离设计
创意 054 图片	STUDIO.Y 设计 / 南京梵池设计事务所 / 刘魁玖室内设计
创意 055 图片	余颢凌事务所 / 壹阁高端室内设计
创意 056 图片	凡尘壹品 / 诗享家
创意 057 图片	余颢凌事务所
创意 058 图片	大墅尚品 / 余颢凌事务所

（续）

创意图片	设计公司
创意 059 图片	诗享家
创意 060 图片	山点水建筑设计
创意 061 图片	陈放设计
创意 062 图片	设计师孟繁峰
创意 063 图片	壹阁高端室内设计
创意 064 图片	诗享家
创意 065 图片	末那识
创意 066 图片	美宅美生设计
创意 067 图片	品辰设计
创意 068 图片	JULIE 软装设计
创意 069 图片	JULIE 软装设计
创意 070 图片	品辰设计
创意 071 图片	方界设计
创意 072 图片	方界设计 / 尚舍设计
创意 073 图片	陈放设计 /K-ONE 设计
创意 074 图片	K-ONE 设计 / 大墅尚品 / 私享家 / 陈放设计
创意 075 图片	方界设计 /K-ONE 设计
创意 076 图片	艺居软装设计
创意 077 图片	重庆双宝设计机构
创意 078 图片	私享家 / 方界设计
创意 079 图片	K-ONE 设计 / 方界设计
创意 080 图片	品辰设计 / 贾峰云原创设计中心
创意 081 图片	贾峰云原创设计中心
创意 082 图片	艺居软装设计
创意 083 图片	品辰设计
创意 084 图片	林开新设计
创意 085 图片	方界设计
创意 086 图片	尚舍设计
创意 087 图片	卓新谛室内空间营造社
创意 088 图片	大品装饰

（续）

创意图片	设计公司
创意 089 图片	方界设计 / 梵池装饰设计
创意 090 图片	支点设计
创意 091 图片	私享家 / 深蓝设计
创意 092 图片	近境制作
创意 093 图片	美宅美生设计
创意 094 图片	壹舍设计
创意 095 图片	大成设计
创意 096 图片	ACE 谢辉室内定制设计服务机构
创意 097 图片	大斌空间设计
创意 098 图片	合肥 1890 设计
创意 099 图片	尚舍设计
创意 100 图片	形绎空间设计 / 刘魁玖室内设计 / 以勒设计
创意 101 图片	刘魁玖室内设计
创意 102 图片	晓安设计事务所
创意 103 图片	刘魁玖室内设计
创意 104 图片	近境制作
创意 105 图片	壹阁高端室内设计
创意 106 图片	星杰国际设计
创意 107 图片	壹舍设计
创意 108 图片	为空间商业设计机构
创意 109 图片	大斌空间设计 / 近境制作
创意 110 图片	星杰国际设计 / 艺居软装设计
创意 111 图片	重庆双宝设计机构
创意 112 图片	廖欢
创意 113 图片	青岛舟不离空间设计
创意 114 图片	艺沐思维建筑室内设计
创意 115 图片	以勒设计
创意 116 图片	东羽设计
创意 117 图片	朵墨设计
创意 118 图片	合肥逍遥廊设计
创意 119 图片	品辰设计
创意 120 图片	壹阁高端室内设计
创意 121 图片	壹阁高端室内设计
创意 122 图片	壹阁高端室内设计
创意 123 图片	壹阁高端室内设计

（续）

创意图片	设计公司
创意 124 图片	壹阁高端室内设计
创意 125 图片	梵池装饰设计
创意 126 图片	壹阁高端室内设计
创意 127 图片	壹阁高端室内设计
创意 128 图片	重庆双宝设计机构
创意 129 图片	合肥 1890 设计
创意 130 图片	导火牛设计
创意 131 图片	合肥 1896 设计
创意 132 图片	导火牛设计
创意 133 图片	刘魁玖室内设计
创意 134 图片	导火牛设计
创意 135 图片	合肥 1896 设计
创意 136 图片	刘魁玖室内设计
创意 137 图片	K-one 设计
创意 138 图片	文青设计
创意 139 图片	清羽设计
创意 140 图片	刘魁玖室内设计
创意 141 图片	永安设计
创意 142 图片	美宅美生设计
创意 143 图片	美宅美生设计
创意 144 图片	美宅美生设计
创意 145 图片	GHB 空间设计
创意 146 图片	刘魁玖室内设计
创意 147 图片	美宅美生设计
创意 148 图片	美宅美生设计
创意 149 图片	刘魁玖室内设计
创意 150 图片	艺居软装设计
创意 151 图片	私享家
创意 152 图片	刘魁玖室内设计
创意 153 图片	刘魁玖室内设计
创意 154 图片	GHB 空间设计
创意 155 图片	私享家
创意 156 图片	私享家
创意 157 图片	重庆于计设计
创意 158 图片	重庆于计设计